前橋学ブックレット 27

藩営前橋製糸所とスイス・イタリア

上毛新聞社

目次

はじめに

本書は、令和元年（2019）９月７日に行われた「シルク・サミットin前橋 Vol.2―スイス・イタリアと藩営前橋製糸所―」のシンポジウムを文章化したものです。シンポジウムは①生糸の抱合装置であるイタリア式とフランス式、②藩営前橋製糸所を指導したミュラーを主なテーマとし、藩営前橋製糸所とスイス、イタリアとの関係について話し合いました。

さらに、ミュラーが藩営前橋製糸所を辞めた後に手掛けた工部省勧工寮葵町製糸場の図面が、東京農工大学科学博物館で発見され、同大学がクラウドファンディングで資金を募り３Ｄ画像化を進めています。この研究成果によって、藩営前橋製糸所の器械製糸の復元も可能となりますので、前橋市としても全面的に協力し、その進捗状況も紹介していただきました。

シンポジウムは次のような構成で行われました。なお、肩書は当時のものです（敬称略）。

【出演者】

パネラー

速水美智子（速水堅曹研究会代表）

鈴木　淳（東京大学大学院教授）

石井元章（大阪芸術大学教授）

齊藤有里加（東京農工大学科学博物館特任助教・学芸員）

コーディネーター

手島仁（前橋学センター長）

【内容】

テーマ１：官営富岡製糸場で採用されたフランス式と藩営前橋製糸所で採用されたイタリア式の生糸抱合装置について

テーマ２：藩営前橋製糸所を指導したミュラーについて

テーマ３：ミュラーが指導した器械製糸の３Ｄ化について

※スイス人技師ミュラーについては、これまで「ミューラー」と表記されていましたが、石井元章氏の指摘により「ミュラー」として表記しました。

シンポジウム全体の様子

1. シンポジウムの趣旨

手島：「生糸のまち前橋発信事業」

藩営前橋製糸所は、日本で最初の洋式器械製糸工場ですが、建物が残っておらず、可視化できないため、市民の皆さんにも忘れられた存在になっていました。

今年（2019 年）の 6 月に富岡製糸場世界遺産登録 5 周年の記念事業が行われました。記念講演をされた東京大学名誉教授の石井寛治先生は、藩営前橋製糸所は歴史的価値があり、建物が残っていたら、私は絶対に世界遺産に推薦したと話されました。

あいさつをする山本市長

山本龍前橋市長は、市政の根底に「前橋の誇り、プライドを取り戻すこと」を置いております。そこで、藩営前橋製糸所は、建物が現存しませんが、調査しその価値を記録化し発信して、市民の皆さんに「前橋の誇り、プライド」を取り戻して欲しいという目的で、石井寛治先生、速水美智子さんを委員に迎えて、「生糸のまち前橋発信事業」を進めてまいりました。

その成果を継続的に講演会とシンポジウムの開催、前橋学ブックレットの刊行を通して明らかにしてきました。

藩営前橋製糸所の意義

藩営前橋製糸所の意義は４点にまとめることができます。

藩営前橋製糸所（勝山宗三郎経営時代、宮内庁書陵部提供）

①前橋藩はイギリスの商社が共同経営を申し出ましたが、断りました。これにより外国資本の国内進出を防ぎました。

②ミュラーを４カ月で解雇したことは、速水堅曹と工女たちの外来技術吸収能力の高さと熱心さを示すとともに、外国人技術者を介した外資進出を排除しました。この２点は、現在にも通ずる日本経済の独立を守るという、とても重要な点でした。

③全国各地から伝習生を迎え入れたことにより、器械製糸技術の全国普及の原点になりました。

以上の３点は石井寛治先生が『群馬県史 通史編 8』で指摘されている点です。

④生糸の抱合装置としては、フランス式とイタリア式があって、ブリュナが指導した官営富岡製糸場はフランス式、ミュラーが指導した藩営前橋製糸所はイタリア式を採用しました。フランス式は大規模工場向きで、イタリア式は小規模工場向きでした。つまり、藩営前橋製糸所は日本の中小企業のモデルになったわけです。実は、その助言をしてくれたのがスイス領事のシーベルで、技術指導をしたのがスイス人のミュラーでした。イタリアとともにスイスの存在が重要なカギとなります。

シンポジウムと前橋学ブックレット

第1回の講演会とシンポジウムは平成26年（2014）8月に行いました。石井寛治先生が、さきほど述べました藩営前橋製糸所の意義を改めて「外資の排除」と「適正技術」という点から、講演されました。

この講演会とシンポジウムの成果を、前橋学ブックレット第1号『日本製糸業の先覚　速水堅曹を語る』（石井寛治／速水美智子／内海孝／手島仁）と8号『速水堅曹と前橋製糸所』（速水美智子）として発行しました。

第2回は、器械製糸技術の全国普及の原点になったことを確認するため、前橋へ伝習にやってきた各地の調査をしました。その成果を平成28年（2016）8月に「シルク・サミット in 前橋」として開催し、講演と熊本県山鹿市長をはじめ関係者を迎えたシンポジウムを行いました。シンポジウムについてはブックレット第12号『シルク・サミット in 前橋―前橋・熊本・山鹿・宇都宮・豊橋―』（前橋学センター編）として刊行しました。

講演は差波亜紀子先生にお願いしました。その成果はブックレット第28号『藩営前橋製糸所にかかわった商人たち』として発行する予定で、準備を進めております。

第3回は、平成30年（2018）3月が前橋商工会議所創立120年の節目の年であることから、商工会議所と連携して『製糸の都市前橋を築いた人々』を刊行しました。

総仕上げ

藩営前橋製糸所の顕彰は、来年（令和2）の2020年が創業150年の節目となりますので、それを目標にやってきました。折から東京オリンピック・パラリンピックの開催と重なり、より実りあるものにしたいと思って、今回の第2回シルク・サミットを開催しました。

テーマは3点あります。

①従来言われていた生糸の抱合装置のイタリア式とフランス式について、新しい考え方を提言したいと思います。

②藩営前橋製糸所の指導者のミュラーについては研究がほとんど進んでいませんでした。そこで、その人物像に迫りたいと思います。

③ミュラーは藩営前橋製糸所のほかに、小野組が経営する築地製糸場、工部省経営の葵町製糸場の3つの製糸工場をつくりました。残念なことに

いずれの製糸工場も残っていません。しかし、葵町製糸場の図面が東京農工大学科学博物館で発見されました。いま、東京農工大学で３Ｄ化に取り組んでいます。その進捗状況を報告してもらいます。

ここからは来年に向けての希望的観測です。3Ｄ化が完成すれば、ミュラーが指導した器械製糸の復元が可能となります。藩営前橋製糸所は３台の器械から始まり、12 台に増設されました。器械が復元できると、建物の写真は残っていますので、可視化が可能になります。

洋式器械製糸導入については、イタリア・スイス・日本で感動的な物語を紡ぐことができるのではないか。学術的な裏付けを持った、よい歴史認識を共有することが、国際交流の基礎になります。

藩営前橋製糸所を前橋市のインバウンド資源、地域づくり資源にすることができる道筋を敷くことが、今回のシンポジウムです。

さらに加えますと、明治初期に全国からの伝習生は、藩営前橋製糸所と官営富岡製糸場の両方を視察して、郷里で工夫を重ねました。外国人も含め、観光客には両市に来てもらって歴史体験をしてもらえるようになれば、群馬県の観光の魅力度向上にも貢献できると思います。

そのようなシンポジウムにしたいと思っております。

2. フランス式とイタリア式の生糸の抱合装置

手島：では、第１のテーマのフランス式とイタリア式の生糸の抱合装置ということで、速水さんから基調的なお話をいただきます。

速水：第１のテーマの抱合装置についてですけれども、私は特に製糸器械とか製糸技術を専門に研究しているわけではないので、そのような者がこの場でご説明するのも大変おこがましいと思っております。しかし、製糸の歴史的な意義を研究するには避けては通れ

速水美智子氏

ない問題なので、私なりに調べて分かったことを今日お話しさせていただきたいと思います。

一般的に、フランス式、イタリア式というのは、明治３年に前橋製糸所をつくるにあたってイタリアで13年間働いていたカスパー・ミュラー（Caspar　Müller）が伝えた製糸のやり方をイタリア式、明治５年富岡製糸場を開設するにあたってフランス人のポール・ブリュナが伝えた器械製糸のやり方をフランス式、と言っております。さらに、その中でも製糸器械の抱合装置、いわゆる撚り掛け装置について象徴的にこの言い方が使われております。

［写真 1］富岡製糸場の器械フランス式

［写真 2］イタリア式繰糸器械

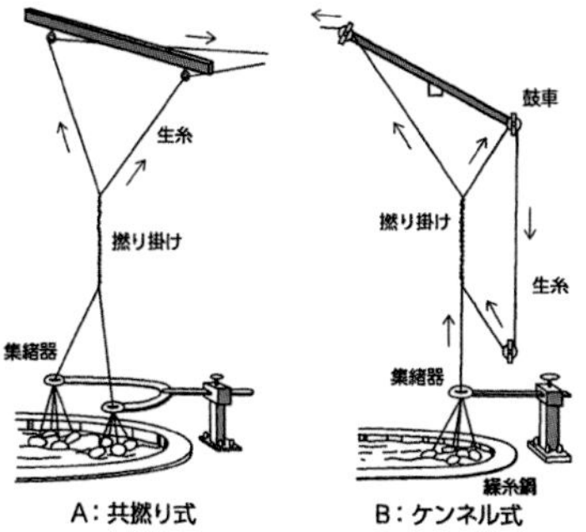

［図 1］機械製糸法の撚掛抱合装置

まず、そのように言われている器械の全体を見ていただきましょう。［写真 1］は、岡谷の蚕糸博物館にありますフランス式・富岡製糸場の器械でございます。
［写真 2］は、これも同じ博物館にありますイタリア式のものでございます。撚り掛け装置は図にしますとこのような違いがあります。
［図 1］このイタリア式、フランス式という言い方は、実は日本だけの言い方です。昨年イタリアに行きまして、ヨーロッパではその言葉は全く通じないことを痛感いたしました。イタリア式はケンネル式、タヴェル式と言われ、フランス式はシャンボン式、共撚り式と言われております。

イタリアでは、コモ湖の近くにあるシルク博物館・アベッグミュージアムで、館長のクリッパ（Flavio Crippa）氏にいろいろと教えていただきました。［写真３］現地での調

［写真 3］アベッグ・シルク博物館（Abegg Civico Museo della Seta）

査の通訳は、京都大学大学院文学研究科博士後期過程のマリア・カルロッタさんにお願いしました。私は訪問する前にクリッパ氏にメールで「日本に伝わったイタリアの一番古い製糸器械を見たい」と伝えました。館長から「それは富岡製糸場で見ることができるでしょう」と返事がきました。「えっ？」と思いました。富岡はフランス式の器械なのになぜそう言うのだろうと、その時初めて疑問を持ちました。クリッパ氏の説明では、富岡の器械は 1845 年から 1855 年に北イタリアのロンバルディア地方で見られたモデルであって、フランス人を介して日本に導入されたものだということです。撚り掛け装置のフランス式と言われている共撚り式はイタリアで発明されたものだと教えてくださいました。もちろんイタリア式と言われているケンネル式というのもイタリアで生まれたものです。共撚り式をケラーという人がさらに改良を加えて、ケンネル式を開発したのだと説明されました。

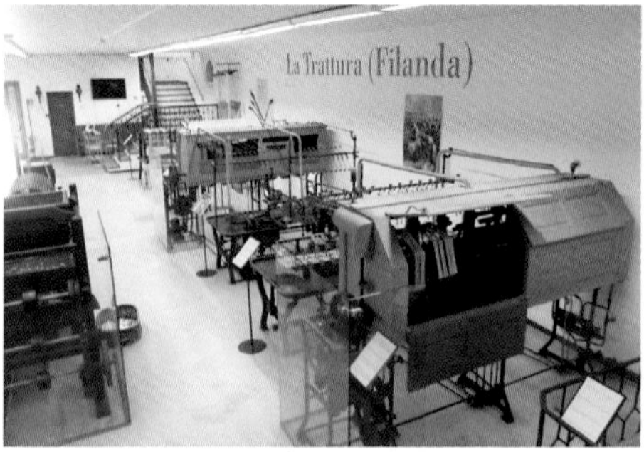

［写真 4］繰糸器のフロア

アベッグミュージアムにはヨーロッパで一番古い製糸の器械が残されています。ここが繰糸器を集めたフロアです［写真 4］。

これが、一番古い器械だと説明を受けました。［写真 5］北イタリアのピエモンテ地方で 1780 年頃につくられた器械だそうです。これの撚り掛け装置をちょっと見てみましょう。［写真６］三条繰りの共撚り式です。この共撚り式の撚り掛け装置は、先程も申し上げましたように、1570年代に北イタリアのピエモンテ地方で発明され、そのおかげでピエモンテは300年くらい先進地と言われていたほどなのだと、クリッパ氏はおっしゃっていました。それが1820年代にシャンボンというフランス人によって、フランスに伝わったということです。

［写真5］1780年ごろの器械

［写真6］三条繰り　共撚り式

イタリアの地図を見ていただきましょう。［図２］製糸業が盛んだった地域は北イタリアで、赤く塗られた地方がトリノのあるピエモンテ地方、その右隣のオレンジ色の地域がミラノのロンバルディア地方と言います。その上の辺りがスイスという位置関係になります。今日はイタリアといっても主に北イタリアの話がほとんどになります。

それで、ケンネル式も共撚り式も両方ともイタリアから発生したということになりますが、この辺りの研究は私がここで発表するまでもなく、すでに信州大学の篠原昭先生や島崎昭典先生たちがご研究されて、発表をされております。

さて、このアベッグミュージアムを案内していただいた時に頻繁に出てきたのが「モルラーニ」という言葉です。この言葉はイタリアのシルクの歴史研究の第一人者で、特に日本に来た蚕種商人の研

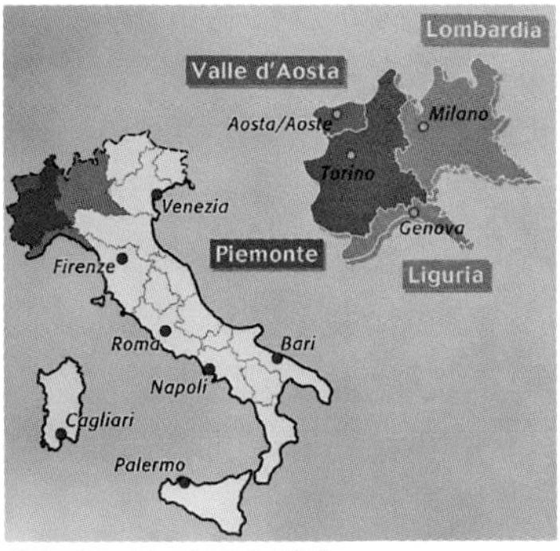

［図2］イタリアの地図

究で有名なイタリアのピサ大学のクラウディオ・ザニエル（Claudio Zanier）教授の著書にもたくさん出てまいります。モルラーニというのは人の名前でオッターヴィオ・モルラーニ (Ottavio Morlani) と言います。北イタリアのベルガモ出身の大企業家です。私がクリッパ氏に 1870 年にミュラーが日本に伝えた製糸器械はどのようなものだったのかと質問しますと、その頃イタリアで大流行していたやり方として、このモルラーニという人の考えた製糸器械を説明してくれました。［写真 7］この写真がそうですが、ちょうどその頃に使われていた器械で、撚り掛け装置はケンネル式です。［写真 8］これは蒸気で動かすようになっているのですが、流行っていたのは蒸気ではなく、薪を使って水を温めるやり方だったそうです。薪を燃やすと出る煙の熱をさらにパイプを通して使う、非常に経済的なやり方だったため、とても流行ったのだという説明を受けました。

［写真 7］モルラーニが考案した製糸器械

［写真 8］ケンネル式

　ザニエル教授の著書『SEMAI：Setaioli Italiani in Giappone(1861-1880)』（2006 Cleup発行）には、モルラーニは 1850 年くらいから製糸技術の効率を改良するために様々な設備を使い始めて、蒸気を使わなくても蒸気製糸場でつくったような薄い糸を生産できる技術の特許をとったと書かれています。そして、モルラーニの技術は「お金を使わないで生産量の増加を希望していたイタリアの企業者の中でとても人気になり、他の国でも使われるようになった」（『SEMAI』）ということです。1872 年の 9 月に産業に関する国会委員会というのが開かれて、そこでモルラーニ自身が「日本でモルラーニ技術を使用して製糸場がつくられた」と発表しています。モルラーニの技術は日本に伝えられたということがザニエル氏の研究ではっきりいたしました。

　ちなみに、前橋製糸所の責任者であり、後に富岡製糸所の所長を務めた速水堅曹は1877年（明治10）に前橋の関根製糸所（研業社）でケンネル式と共撚り式の両方のやり方を試して、どちらの方が効率的か、生糸の出来はどうかという研究を行っています（『蚕史　前編』大塚良太郎編　1900）。また、富岡製糸所に導入された共撚り式は1896年（明治29）に全てケンネル式のものに替えられています。理由は、もともと生産性は高かったケンネル式が、繭の改良や乾繭・煮繭方法の改良などによってさらに優等な糸が生産できるようになったからだ、ということです（『産業技術史』中岡哲郎・鈴木淳・堤一郎・宮地正人編　2001　山川出版）。このように、日本に2つの撚り掛け装置が導入されて様々に検討を重ね、ケンネル式が広まっていったということになります。

今までフランス式、イタリア式とあたかもそれぞれの国から発祥した違うやり方が日本に伝わり、富岡製糸場が残ったのでフランス式が広まり、前橋製糸所に伝わったイタリア式は前橋藩がなくなったために広まらなかったと一般的には認識されているように感じておりました。しかし、調べを進めるにつれて、日本の製糸業は2種類の撚り掛け装置をはじめとして、イタリアで発祥した器械製糸のやり方が浸透していったということが分かりました。北イタリアでケンネル式と共撚り式の両方の抱合装置（撚り掛け）ができて、共撚り式はフランス人のポール・ブリュナを介して最新の蒸気機関を使う大工場の器械とともに日本に伝わった。一方、ケンネル式は、カスパー・ミュラーによってモルラーニ方式という人力や水力を使う経済的な技術とともに伝えられた。そして後にケンネル式が残った。こういった図式になるのではないかと思います［図3］。

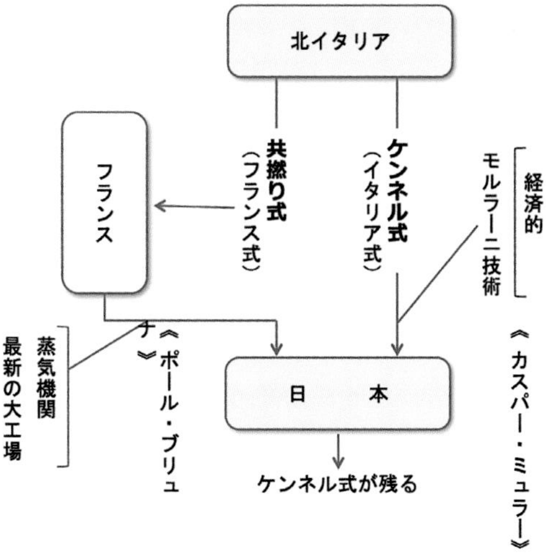

［図3］撚り掛け装置の流れ（堀口真寿氏作成）

もちろん日本はそれから先、両方のやり方を折衷して日本独自の技術を開発し、多条繰糸機や自動繰糸機というものをつくりあげていきますが、明治の終わりには世界一の生糸輸出国となったことは皆さんご存知の通りです。日本の製糸業の黎明期における海外からの技術の導入について、その技術の発祥はイタリアである、そしてモルラーニ方式というお金をかけなくても優良な糸がつくれる経済的な北イタリアの器械製糸のやり方がミュラーによって日本に伝えられ、広く普及していったということをお伝えしました。

手島：これまで抱合装置についてはフランス式、イタリア式と分けてきましたが、いずれも製造されたのはイタリアであったということが分かったと思います。一緒に調査をいただきました石井元章先生、さらにご説明をお願いいたします。石井先生は前橋市のご出身です。

石井：大阪芸術大学の石井元章です。私は明治期から昭和にかけての日本とイタリアの、特に美術を中心とした文化交流を研究しているため、このサミットでは門外漢ですが、速水さんのご依頼で、ベルガモの古文書館へ資料調査に行くことになりました。今日は、その調査に絡め本サミットで扱う生糸の交流が日伊文化交流の全体像の中でどのように位置付け得るかについてお話ししたいと考えます。

石井元章氏

まず、古文書館のあるベルカモ(Bergamo)は古代のベルゴムム(Bergomum)に由来する歴史ある街で、中世・ルネサンスまで栄えた丘の上の街を、高い方のベルガモという意味でBergamo altaと呼びます。一方、近代以降の人口増加に伴ってその丘の麓に発展した街を、低い方のベルガモという意味でBergamo bassaと言います。観光地としてのベルガモは丘の上ですが、現在市民生活の中心は低い方の街(città bassa)に移っています。今回調査に訪れた国立ベルガモ古文書館(Archivio Nazionale di Bergamo)も、この低い方の街にあります。

その古文書館司書の方々の協力で判明したのは、ミュラーの出身地でツッピンガー・エ・ジーベル(Zuppinger e Siber)社の工場があったBoccaleone(ボッカレオーネ、「獅子の口」の意)という場所が、先行研究の指摘するようにベルガモ市外のトレヴィオーロ（Treviolo）ではなく、ベルガモ・バッサ内の一地区であることでした。ついで、オッターヴィオ・モルラーニ（Ottavio Morlani）の新製糸法とロンバルディア北部におけるグラルス（Gralus）地方出身のスイス人企業家の活躍についても、新知見が得られたので、ご紹介したいと考えます。

その前に、蚕種貿易に触れたいと考えます。我々のシンポジウムではイタリアに残る明治初期の日伊交流として生糸を中心に扱いますが、両国の初期の交流は蚕種《さんたね》、つまり蚕の卵の貿易が中心でした。これに関しては2001年に日本絹の里で開かれた展覧会ですでに取り扱われたのでご存知の方も多いと思いますが、事の発端は1840年代にフランスで起こった微粒子病のために繭から糸が取れなくなったことでした。そのため、南仏リヨンを中心とした地域とイタリア北部の養蚕業者が、危険を冒して海外に蚕種を買い付けに行くことになり、彼らは最終的に日本に至りました。他方、有名なフランス人生化学者・細菌学者ルイ・パストゥールによって1860年代後半に微粒子病の解決法が見いだされると、ヨーロッパ人たちは日本に来なくなります。すると今度は、島村（伊勢崎市境島村）の人たちが80年代に蚕種を北イタリアに売りに行くようになりますが、蚕の病気が克服されたことで、蚕種貿易は短命に終わります。ただ強調しておかなくてはいけないのは、1866年締結の日伊修好通商条約において目指されたものが、捕鯨基地を求めた日米修好通商条約と異なり、蚕種の獲得を確実にすることだったということです。その意味で、日本とイタリアの交流において、絹は当初から重要な役割を果たしたわけです。

［写真 8］蚕種紙販売用の袋

［写真 8］は、ミラノの友人の所有物で、印影の中に「Società Agraria di Lombardia, Milano Importazione Cartoni Seme Bachi del Giappone, per la coltivazione 1878, XIV Esercizio（ロンバルディア農業組合、

[写真 9] 山繭から転じた名称

ミラノ、養蚕用日本産蚕種紙輸入、1878 年 14 回)」と読めます。つまり、日本から輸入された保証付きの蚕種紙をロンバルディア州農業組合が養蚕農家に売却する場合の袋、またはステッカーのようなものと考えられます。下部の浮世絵挿絵には、蚕種紙を前に髷を結った日本女性ふたりが座り、彼女たちの前の机には商人と思しき洋服の男性が座って帳簿を付けています。

他方、[写真 9] は、イタリアを旅したことのある方は街中でご覧になった可能性のある女性用高級下着店の看板で、YAMAMAY (やままい) と書かれています。前から読んでも、逆に読んでも「やままい」です。実はこの音は、野生の蚕である「山繭」のことで、当時の養蚕指南書によれば、珍重されたものの 1 つでした。その高級な日本の絹のイメージを、下着メーカーが転用したわけですが、こういったものにも 19 世紀の日伊交流の記憶は残っています。

一般に日本では、イタリアという国が日本と同じ国家として古代から存在しているかのように考えがちです。確かに日本は時代の変遷はあれ、世界で一番古い国で、国号が一度も変わっていません。ところがイタリアは、古代ローマの王国・共和国・帝国は有名ですが、中世・ルネサンスの時代には数多くの国や自治都市に分かれ、イタリア王国という統一国家が成立したのは 1861 年のことです。つまり、明治維新の 7 年前にできたばかりの国ということになります。もちろん、イタリアという概念はそれ以前から存在していて、それはカエサルの著した『ガリア戦記』にあるガリーア、つまり現在のフランスという地域と同様に、イタリア半島の地域をイタリアと呼んでいました。ただ、それは現在我々が用いる「国」という概念ではありませんでした。中世のイタリア半島には多くの民族が入り込み、多くの国家を建設しました。

例えば、古代から居住するエトルリア人は当初ローマ人を支配してローマ国王が輩出しました。そのエトルリア人をローマ人の言葉であるラテン語でトスカーナと呼び、それが現在も使われる「トスカーナ」の語源となりました。その後、5、6 世紀にミラノを中心に侵入してきたランゴバルド

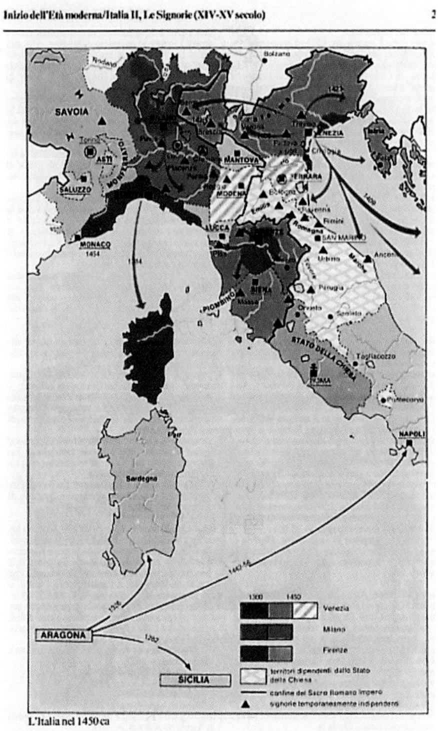

［図 4］イタリア半島状勢
Il Nuovo Atlante Storico Garzanti, Garzanti, Milano 1990, p.224

族が自ら建国した国を「ランゴバルドの国」という意味でランゴバルディーアと名付け、それが訛ってロンバルディーアとなって現在に至ります。ついでヴェネツィアを中心とする地方はヴェネトと言いますが、それは昔、古ウェネト人が住んでいたことに由来します。先ほど速水さんのお話になったミラノは、ラテン語でメディオラーヌム（Mediolanum）と言います。トリノは、古代にタウリーニ族（Taurini= 牡牛のような）が住んだことから、共和制ローマの時代にカストラ・タウリノールム（Castra Taurinorum）、ついで初代皇帝アウグストゥスにちなんでアウグスタ・タウリノールム（Augusta Taurinorum）と呼ばれました。したがって、トリノはタウリノールムに由来しますが、タウロスが牡牛を表すので、トリノの象徴は今でも牡牛です。

次に、1450 年頃のイタリア半島情勢を見てみましょう［図 4］。南の方の灰色の部分は、フランス、アンジュー伯の領土から、現在のスペインの元となったアラゴン王国の領土に変わった地区で、言葉にもスペイン語の影響が強く見られます。黄色の部分は、ローマを中心とした教皇領（Stato della Chiesa）ですが、それに隣接する黄色い斜線部分も教皇領で、それはアペニン山脈を越えてボローニャまで向かいます。その横にフィレンツェ共和国、シエナ共和国、ルッカ共和国が見えますが、16 世紀にはフィレンツェのメディチ家が公爵、大公となり、シエナ、ルッカを併呑して、フィレンツェ公国、ついでトスカナ大公国となります。ボローニャの北には、エステ家の治めるフェルラーラとモデナがあり、ゴンザーガ家のマントヴァ、モンテフェルトロ家のウルビーノなど、小さいながらも重要なルネサンスの文化的中心が続きます。その北の2大勢力が、ヴェネツィア共和国とミラノ公国です。ジェノヴァ共和国はヴェネツィア共和国と最後まで覇を競う海洋帝国でした。その北、ミラノ公国の西に広がるのがサヴォイア王国です。この軍事国家は、19世紀のイタリア統一に際して中心的な役割を果たすことになりますが、その領土をよく見ると、現在のスイスとフランスに大きく入り込んでいることが分かります。実際に、イタリアが統一され、1861年にイタリア王国が成立した後もサヴォイア家の王は、フランス語を話していました。このように、イタリアという国は、多種多様な民族が集まってできた国です。

イタリア半島の統一運動は、1848年に第1次独立運動、1859年に第2次独立運動が起こり、宰相カヴールの下、サヴォイア家が北イタリアをほぼ手中に収めます。他方、1860年にはガリバルディが赤シャツ隊を率いてシチリア遠征を開始します。ガリバルディは教皇領を除く南イタリアをその支配下に入れ、その領土を全てサヴォイア家のヴィットリオ・エマヌエレ2世に献上して、1861年イタリア王国が成立します。最初の首都はサヴォイア王国の首都トリノに置かれ、1865年にはフィレンツェに、1871年にはローマに遷都されます。その時、サヴォイア家の軍隊が教皇領に進軍したことから、教皇庁と不和になり、その状況は1929年ラテラノ協定が結ばれるまで続きます。その間、1866年にはヴェネト地方、1870年にはラツィオ地方を併合して、イタリア王国の領土ができ上がります。

この祖国統一運動を、イタリア語ではリゾジメント（Risorgimento）と言いますが、それはsorgereつまり湧き起こるに「再び（ri）」が付いて、「再度起こる」という意味です。つまり、ローマ帝国崩壊後に一度凋落した祖国が、再び湧き起こるという、希望に満ちたイタリア人の認識がそこにはあるのです。

北イタリアとスイスは距離的に近く、それが人的・社会的つながりを生みます。数点の文献がそれについて既に述べています。この地理的な近さから、中世以降、スイスから北ロンバルディアへの移民が既に存在し、19世紀前半には既にスイス移民の第一派がロンバルディア地方で起業していたようです。事実、ツッピンガー社の設立は1828年です。

［図5］にお見せするのはスイスにおける言語分布の地図です。紫に塗られた部分はイタリア語を話す地域、赤がドイツ語、緑色がフランス語です。

ベルガモ近郊にやってきたのは、イタリア語圏の北にあるグラールス（Glarus）と呼ぶ地域の人々であることが判明しています。

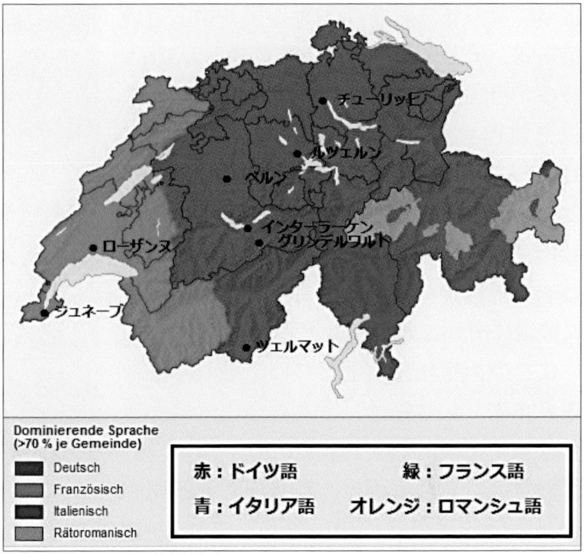

［図 5］スイスの言語分布

彼らスイス市民が 19 世紀に北イタリアに入植したのは、1861 年に起こったグラールスの大火で町が全焼し、焼け出された人々が北ロンバルディアを目指したのではないかと私は考えます。ドイツ語圏のスイス人がその資本を持って南方の北ロンバルディアに到来します。彼らは母国スイスで営んでいた機械化した工場をイタリア北部に持ち込み、スイス＝ドイツの資本の優位性を利用して、迅速に機械化を進めました。この点が資本蓄積を余儀なくされたロンバルディアやピエモンテなどイタリアの企業家と異なります。すなわち、スイス人企業家はベルガモに「一財産成す」ために来たのではなく、これまで母国で行っていた事業の延長線上に、イタリアで活動したに過ぎないのです。そして、そこにはスイスと同じように大量の水やエネルギーがありました。加えて、イタリアではドイツ語圏に比べて労働組合が未発達であり、企業家には好都合だったという事情が挙げられます。その他にも、トリノやミラノ、ジェノヴァなどの大消費地を近くに控え、「貯蓄・普通口座ベルガモ銀行（Banca Bergamasca di Depositi e Conti Correnti）」のような近代的銀行が彼らへの出資を行った事実も見逃せません。

北ロンバルディアに「スイス人第一派」の移民が存在した意味は大きく、棉花産業に携わる彼らが街の重職に就いていたことから、プロテスタントのスイス人を新たに受け入れることに抵抗がなかったと考えられます。それが功を奏して、ベルガモ市はグラールス地方の方言でも通知などを行うようになります。また、金融面や祖国での結婚式、子どもたちの高等教育などの点で、彼らの祖国とのつながりは保たれ、「スイス人交流協会（Schweizerverein）」が設立されました。中世以来のスイス人移民が北ロンバルディアにいたことは、このように土着のイタリア人たちとの間に、言語的・宗教的な無用の軋轢を招くことを避けるために非常に有利に働いたと言えます。

［写真 10］油彩画『歴朝神徳録』扉絵（東京都江戸東京博物館提供）

ここで再度蚕種貿易について触れたいと考えます。お蚕様は、我々群馬県人にとっては言わずもがなの議論です。［写真 10］にお見せする油彩画は、私が研究する川村清雄という洋画家の描いた《たまはばき》と呼ばれる作品で、皇后陛下御製歌を集めた歌集の表紙に使われました。この「玉箒」は蚕の卵を集めるためだけに使用される非常に貴重なもので、画家川村はそれを非常に写実的に描いています。後景は今見ても遜色のないデザイン感覚に溢れた扱いとなっており、本作は日本人によるジャポニスム的作品の１つと考えられます。その当時のジャポニスムは、日本美術・文化の影響を受けるだけでなく、それに当時最先端の写実主義を組み合わせて「新しい美術」を生み出そうとする試みでした。1876 年から 1881 年までのヴェネツィア留学中にその芸術運動に触れた川村は、日本人としては珍しくジャポニスム的作品を描き続けることになります。この《たまはばき》は、絹を生み出し、金を生み出す蚕の卵が日本において珍重されたことを如実に語っています。

［写真 11］ポンペオ・マッツォッキ

日本絹の里で 2001 年に開催された展覧会では、この時期の蚕種貿易を詳細に扱い、ロンバルディア地方コカッリオから毎年日本に蚕種の買い付けにやってきたポンペオ・マッツォッキ（Pompeo Mazzocchi）［写真 11］について触れられました。

　このマッツォッキと思しき人物を主人公に据えて書かれた官能小説がアレッサンドロ・バリッコの『絹（Seta）』で、日本語や英語に訳され、映画にもなりました［写真 12］。

［写真 12］小説『絹（Seta）』

　［写真 13］は、1873 年にヴェネツィア日本総領事館の置かれたコンタリーニ・デレ・フィグーレ邸で、蚕種貿易を保護することを主目的に設置されました。藩営前橋製糸所の設置は、時期的にこの直前にあたります。岩倉使節団がイタリアを訪問していたのと同時期の 1873 年、佐々木長淳を団長とする養蚕視察団が北イタリアを訪れ、パドヴァの養蚕試験場で研さんを積んでいたことも強調しなければなりません。

［写真 13］コンタリーニ・デレ・フィグーレ邸

手島：ありがとうございます。速水さん、石井先生のお話を伺って、鈴木先生にコメントをいただきたいと思います。鈴木先生、よろしくお願いいたします。

鈴木 淳氏

鈴木：鈴木です。この場でお話を伺って、コメントしろと言われていて、何の準備もなく、申し訳ないのですが、非常に興味深いお話でした。

　生糸と撚り掛けの関係では、日本では基本的には、フランスから技術導入した富岡のが共撚り式で、ミュラーの技術として入ってくるのがケンネル式と理解していました。実はイタリアでは、共撚り式をやらないわけではないし、イタリアでケンネル式をやらないわけではないということ自体は明治時代から現地を見た人が伝えていて、専門家の間では知られている話なのですが、一般には、速水先生のおっしゃるようにフランス式、イタリア式という割り切りの良さで単純に理解されがちです。

今回のお話で特に興味深いのは、両方ともイタリアが起源であるとはっきりされた部分と、もう１つ、日本での技術的な説明として、共撚り式というのは、２つの糸を合わせて引くので、糸口を１人が３つ引くようになると、共撚りでは対応できない。２つか４つしかない、という風に言われていたのですね。ところが今見せていただいた写真の中には、３本の糸口を共撚りでやるという方法がありました。ちょっとこれは、私は心底びっくりしたのですが、そういう技術があった以上は、日本国内で今までかなり広まっていた説明は間違っていたということがはっきりしました。私も授業で話したことがあるだけに、非常にびっくりしました。

また、モルラーニの方式についてのお話がありました。蒸気取り、これは富岡みたいに動力にも使うというわけではなく、働いている工女さんの前の鍋のお湯を温めるのに蒸気を使うことを蒸気取りと言うのですが、この技術は、フランスで 19 世紀の頭に開発され、それからだんだんイタリアでも普及していきます。それでイタリアで、ちょうど日本の明治維新の頃に蒸気取りの普及率が 50%くらいでした。だからミュラーがその技術を持ってこないのは当たり前と理解していたのですが、今日のお話では、ミュラーが持ってきたのはモルラーニ式という蒸気を使わなくて安くできる技術だということで、これは同じ時期に用いられた２つの技術の関係を示す非常に興味深い説明です。

ミュラーが持ち込んだ技術の中身は、葵町製糸の技術と絡めて、このあと齊藤先生の方から説明があると思いますが、撚りかけと加熱の方式を組み合わせて考えて見ますと、私が今まで思っていたのは、ミュラーが日本の技術の現状に合わせて、二口必要な共撚り式より従来からの一口繰りに導入できるケンネル式、またボイラーで蒸気を作ることが普及していないので、あえて一昔前の竈による加熱を取り入れたのではということでした。しかし、ミュラーが築いた竈がモルラーニ式のもので、最新の技術であったらしい、イタリアでは蒸気取りと併行してケンネルの蒸気を使わない技術が発達していた、という点が興味深く感じました。

石井先生のお話の方は、私はなんせイタリアに行ったことはないので、全然分かっていなかったのですが、スイス人のはずのミュラーがイタリア人だと誤解されていたのは、実際にはそこのところは連なった１つの世界だったためだという背景が分かって大変勉強になりました。また、イタリアは昔から生糸をやっていたと思っていたら、この地域では綿糸工業が先行していたというお話で、これも初めて聞いたのですが、技術の継続性、特に絹糸紡績の成立を理解する上で重要と思いました。石井先生のスライドの最後の方に日本に絹糸紡績を導入した佐々木長淳が出てきました。彼が日本で初めての絹糸紡績所として、現在も建物が残る新町紡績所をつくります。彼は、絹糸紡績の技術をスイスからイタリアを回って勉強してきます。絹糸紡績という技術は、たぶん羊毛で始まった紡績の技術があって、それを綿花に適用したのが綿糸紡績で、その技術をさらに製糸の副産物に応用したものです。この地域が元々綿糸紡績をやっていて、そこに製糸が展開してきたなら絹糸功績が発達してくるのは、期待できるというか必然なのかな、と思いました。スイスから北イタリアにかけての地域の歴史は、前橋製糸所と新町紡績所の２つの接点で群馬に結び付いている、今の石井先生のお話からそのように考えるべきかと思わされ、非常に勉強になりました。

［写真 14］三条繰り　共撚り式

手島：鈴木先生が感激したという発見。すみません。パワーポイントの画面でその写真をお願いします。皆さんもう１回確認しましょう。画面が出ました［写真 14］。速水さん、鈴木先生、再度、ご説明をお願いします。

速水：これがアベッグミュージアムにある一番古い器械で 1780 年ころのものです。［図 6］こういった図もイタリアに残されていて、同じ仕組みのものですね。この撚り掛け装置のところだけを見ると確かに３本ですね。

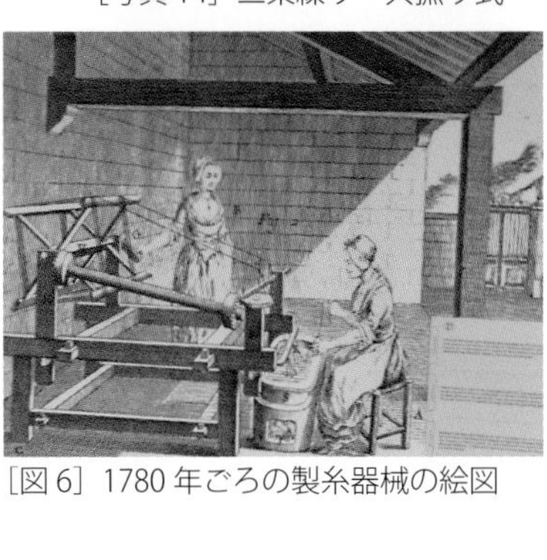

［図 6］1780 年ごろの製糸器械の絵図

鈴木：我々は今まで２本をこうやって単純に撚り合わせることしか考えてい

なかった…。

速水：そうです、そうです。普通の共撚り式は２本ですけれど。

鈴木：ところが、糸が３本でも、まず２本で共撚りしてそれが分かれあとで、その１本をまだ撚り合わせていない１本と共撚りするというように、２段重ねることで３本でも共撚りができるのですね。ちょっと思っていなかったやりかたです…。

速水：まあ、そうなんですね。この器械には、確か英語とドイツ語の説明もありますが、そこにもちゃんと三条繰りと書いてあって、確かに共撚り式です。

手島：これで皆さんお分かりになりましたね。それでは、齊藤先生、お話をよろしくお願いいたします。

齊藤有里加氏

齊藤：はい。大変興味深いお話をありがとうございます。速水さんのお話を伺い、いろいろとケンネル式の違いについて、イタリア式とフランス式という国内での呼称は、外見で判断するための用語で、ヨーロッパの認識では両国での利用技術は本来一緒というところは、私も共通の認識です。私の所属する東京農工大学科学博物館は、製糸器械が多く展示している博物館です。当館でも糸を繰るようすを動態展示で見せているのですが、「フランス式（共撚り）」がなぜ主流でなくなったかと言いますと、やはり糸が切れたあとの復旧が大変ということがあります。そして、速水さんの紹介のあった写真で三条式の共撚り式を拝見すると２段に分けて、しかも全部つながっている状態なのには驚きました。どれかが切れてしまうと、再調整の労力が大きく、おそらく回転数を上げると、さらに切れやすくなってしまい糸が取れず、結局、糸の質に影響が出てしまう。一方で、先ほど拝見した絵を見ると、手法は手でゆっくり回しているような形でなっていましたので、ゆっくりとした共撚り式を採用するというのも１つあった見方だったのではないかなというような印象を受けました。

あとはですね、石井先生のお話の方で、イタリアについての具体的な話をいただきました。そこで佐々木長淳の話がでてきました。佐々木長淳が勧工寮葵町製糸場を設営し、ウィーン万博へ向かい、ヨーロッパ諸国の蚕糸科学技術を学んだ後、微粒子病を阻止するという機関を設立しました。そこが実は、東京農工大学工学部の前身組織とされています。ミュラー伝来由来の日本に技術を導入したルートが、新たに見えてきたのではないかなというふうに思います。これまで世界遺産として富岡製糸場が一般の方には注目が集まったのですけれども、そこからさらに可視化されていくようになり、事実資料とか歴史でもつながる形になってきたのではないかなという印象を受けました。

手島 仁氏

手島：ありがとうございました。皆さまのお手元のレジュメに私が作成しました表「生糸抱合装置から見る明治初期洋式器械製糸場一覧」がございますので、ご覧ください。

［表 1］の典拠は、昭和 52 年（1977）に富岡市教育委員会が発行した『富岡製糸場誌』です。ご承知のように上・下巻の大著で、上巻の 844-846 頁に「資料 395」として「明治初期欧式器械製糸場一覧」が掲載されています。この一覧表が各種資料を基に編集者により作成されたものか、すでにこの一覧表が作成されていてそれを転記したものかは、何も明記されていないので分かりません。

年代順に表記されている一覧表を、その表記に従って生糸抱合装置に基づいて、イタリア式、折衷式、フランス式、無記名で分類し直しました。表の一番上から三番目まで「器械設備・製糸場名・所在地・設立者経営者・開業年」の順番で、次のように記されています。

「伊太利和製共撚六人繰、四年五月十二人繰／前橋製糸所／前橋細ヶ沢のち南勢多郡岩神村／前橋藩、六年小野組、七年勧業寮、八年勝山宗三郎／明治三年六月」

「伊太利式十人繰のち九十六人繰／小野組築地製作所／東京築地入船町／

［表 1］ **生糸抱合装置から見る明治初期洋式器械製糸場一覧　作成：手島仁**

分類	器械設備	製糸場	所在地
イタリア式（ケンネル式）	伊太利和製共撚六人繰、四年五月十二人繰	前橋製糸所	前橋細ヶ沢のち南勢多郡岩神村
	伊太利式十人繰のち九十六人繰	小野組築地製糸所	東京築地入船町
	伊太利式百人繰	工部省葵町製糸所	東京赤坂葵町
	前橋式五十人繰	大嶹製糸場（商舎）	栃木県河内郡石井村
	前橋式共撚三十二人繰のち六十人繰	水沼製糸所	群馬県勢多郡水沼村
	前橋式四十八人繰、のち五十六人繰	関根製糸所（研業社）	群馬県勢多郡関根村
	関根式（前橋系）六十人繰	暢業社	埼玉県高麗郡広瀬村
	築地式百人繰	深山田製糸場	長野県諏訪
	築地式器械四基工女二五七人使用	二本松製糸所	福島県二本松
	築地式十八人繰	武居製糸場	長野県諏訪
	築地式三十二人繰、のち六十四人繰	太陽社（のち明十社）	長野県上伊那郡長藤村
	葵町式器械工女六十人使用	五泉製糸会社	新潟県五泉
	葵町式ケンネル十二人繰	鴨川製糸所	京都二条城内
	葵町式二十四人繰	徳江製糸場	群馬県伊勢崎
イタリア式から折衷式	築地式二十四人繰、同十年折衷式五十人繰	岩淵製糸場	福島県白河町
折衷式	築地式富岡式折衷九十六人繰	関製糸場	長野県上高井郡雁田村
	富岡築地折衷式百人繰	中山社	長野県諏訪郡平野村
	富岡式水沼式木製十二人繰	開拓使庁製糸場	北海道開拓使本庁内
	富岡式その他折衷百人繰	東行社	長野県須坂
フランス式	仏国式器械三百釜	富岡製糸場	群馬県富岡
	富岡式三十二人繰	室山製糸場	三重県室山
	富岡式六座工女十七人、翌年十六座工女五十人	熊本製糸場（のち製糸会社）	熊本県熊本
	富岡式五十人繰	松代製糸所	長野県松代
	富岡式二百繰、のち五十人繰増設	金沢製糸社	金沢長町
	富岡式十八人繰、翌年六十五人繰	伊藤製糸場	長野県北安曇大町村
	富岡式木製三十二人繰	高橋製糸場	長野県北佐久郡小諸町
	富岡式	多勢製糸場	山形県東置賜郡漆山
	富岡式二十四台、七年三月十二台にて開業	勝山製糸会社	福井県勝山町
	富岡式器械工女二十五人	兵庫県立模範製糸場	兵庫県城崎郡久斗
	富岡式十一人繰、十三年二十五人繰	修業社	長野県南佐久郡穂積村
	富岡式鉄製共撚百人繰	広通社製糸場	宮城県本吉郡横山町
無記名	名取器械二百人繰	山梨県勧業製糸場	甲府錦町
	六十人繰	風間製糸場	甲府柳町
	三十二釜、十四年六十釜	垣外製糸所	長野県諏訪郡川岸村
	器械二十五釜、十二年五十釜	長野県立製糸場	長野市旭町
	三百十一釜	開明社	長野県諏訪郡平野村
	二百釜	矢島組	甲府太田町
	工女三十六人使用	住友製糸場	京都上京区東竹屋町
		草薙社	甲府

『富岡製糸場誌（上）』「資料395 明治初期欧式器械製糸場一覧」844−846頁（富岡市教育委員会、昭和52年）をもとに作成

設立者・経営者	開業年月	No	分類
前橋藩、六年小野組、七年勧業寮、八年勝山宗三郎	明治3年6月	1	前橋型
小野善助、主任古河市兵衛	明治4年8月	2	
工部省勧工寮、同省製作寮、十二年内務省勧農局	明治6年1月	3	
川村伝衛(迂叟)のち三井家	明治7年(4年)	4	
星野長太郎	明治7年2月	5	
深沢雄象ら結社、速水堅曹指導	明治8年9月	6	
清水宗徳ら結社	明治9年	7	
小野組	明治6年1月	8	
小野組佐野理八ほか結社資本五万円	明治6年6月	9	
武居代次郎	明治6年7月	10	
北原庄三郎(小野組後援)	明治8年9月	11	
有志九名結社、資本金二万円	明治6年	12	
	明治7年	13	
徳江八郎	明治12年	14	
岩淵平左衛門	明治6年	1	折衷型
関菊之助	明治6年7月	2	
武居代次郎ほか八名結社	明治8年6月	3	
北海道開拓使	明治8年	4	
四十余名結社資本金五万円	明治9年	5	
民部省、大蔵省、内務省、農商務省	明治5年10月	1	富岡型
伊藤小左衛門	明治6年	2	
長野濬平	明治6年	3	
大里忠一郎ら結社	明治7年8月	4	
小川忠富ほか二百名結社、資本金一万円	明治7年8月	5	
伊藤金右衛門	明治7年	6	
高橋平四郎	明治7年	7	
多勢亀五郎	明治9年6月	8	
小林平三郎、斎藤治兵衛	明治9年	9	
兵庫県	明治10年	10	
内藤佐平十三年結社とす	明治11年	11	
広通社	明治12年	12	
山梨県	明治6年5月	1	名取雅樹考案
風間伊七	明治9年	2	
片倉兼太郎	明治11年6月	3	
長野県	明治11年8月	4	
片倉、林、尾沢ら十余名結社	明治12年7月	5	
矢島栄助	明治12年	6	
住友吉左衛門	明治12年	7	
田宮喜兵衛	明治11年	8	

小野善助、主任古河市兵衛／明治四年八月」

「伊太利式百人繰／工部省葵町製糸所／東京赤坂葵町／工部省勧工寮、同省製作寮、十二年内務省勧農局／明治六年一月」

この3つが、ミュラーが指導した西洋式器械製糸場です。生糸抱合装置はイタリア式（ケンネル式）で「伊太利式」と書かれています。そして、次の段から、大嶹製糸場（栃木県）、水沼製糸所（群馬県）、関根製糸所（同）、暢業社（埼玉県）は「前橋式（前橋系）」と表現され、深山田製糸場（長野県）、二本松製糸所（福島県）、武居製糸場（長野県）、太陽社（長野県）は「築地式」と表現。五泉製糸会社（新潟県）、鴨川製糸所（京都）、徳江製糸場（群馬県）は「葵町式」とか「葵町ケンネル」と表現されています。

つまり、ミュラーの指導した技術が前橋を出発点に、このように伝播したことを示しています。二本松製糸所は福島県令安場保和に招かれ、藩営前橋製糸所の責任者でミュラーから直接指導を受けた高弟と言える速水堅曹が指導しているので、「前橋式」という方が正確かもしれませんが、こういう点は改めて調査する必要があるかと思います。

一方、ブリュナーが富岡製糸場を出発点に指導したフランス式は、「仏国式器械三百釜／富岡製糸場／群馬県富岡／民部省、大蔵省、内務省、農商務省／明治五年十月」とあります。そして「富岡式」と書かれて、その技術が、三重県1、熊本県1、長野県4、石川県1、山形県1、福井県1、兵庫県1、宮城県1と器械製糸工場ができて伝わっていることが分かります。

熊本県は「富岡式六座工女十七人、翌年十六座工女五十人／熊本製糸場（のち製糸会社）／熊本県熊本／長野濬平／明治六年」と書かれています。長野濬平については、前回の第1回シルク・サミットで取り上げ、そのことは前橋学ブックレット12号『シルク・サミットin前橋―前橋・熊本・山鹿・宇都宮・豊橋―』（2017年）として出版していますので、詳細はご参照いただきたいのですが、長野濬平は藩営前橋製糸所に伝習に来て、速水堅曹に指導を受けます。長野夫妻、娘夫妻など多くの人が熊本から前橋に伝習に来ました。さらに長野の帰郷に藩営前橋製糸所の製糸婦・大野浪という18歳の娘を同行させます。

帰郷した長野は、器械製糸の緑川製糸場（甲佐町）をつくり、大野浪が熊本県内だけでなく、九州一円から集まってきた女性に教授しました。緑川製糸場は西南戦争の戦禍に遭っています。のちに長野は熊本製糸所を設立します。長野の娘婿の親蔵は速水と一緒に官営富岡製糸場（所）の改善に取り組みます。こうした経緯からも、この記述も再検討する必要があると思います。

イタリア式とフランス式を取り入れた折衷式ですが、岩淵製糸場（福島県）は「築地式､同十年折衷式」とイタリア式から折衷式に変更しています。折衷式は「築地式富岡式折衷」「富岡式水沼式」などと４つの製糸工場が表記されています。この中で注目したいのが「富岡式水沼式木製十二人繰／開拓使庁製糸場／北海道開拓使本庁内／北海道開拓使／明治八年」と表記されている開拓使庁製糸場です。開拓使は工女を官営富岡製糸場にも水沼製糸所にも派遣しています。抱合装置もフランス式とイタリア式の折衷式を採用している点です。

イタリア式、フランス式、折衷式とも表記されていない無記名の製糸工場が８つあります。このうち、垣外製糸所（長野県　片倉兼太郎)、開明社（長野県、片倉・林・尾沢ら十余名結社）は折衷式で、矢島組（山梨県）は石井寛治先生の研究で富岡式（フランス式）です。ほかの製糸工場もいずれかに分類できると思いますが、「名取器械二百人繰／山梨県勧業製糸場／甲府錦町／山梨県／明治六年五月」は、名取雅樹が考案したものです。

先ほどの速水さんのお話を聞くと、イタリア式、フランス式という言われ方をしていたものは、いずれもイタリアで製造された器械であることが分かりました。するとイタリア式、フランス式という分類はやめて、私はイタリア式を前橋型、フランス式を富岡型、折衷式を諏訪型、山梨で名取雅樹が発明したものを甲府型というふうに、これからは呼称したらよいのではないかと提案したいと思うのですが。そうすれば地域に即した歴史が描けると思います（拍手)。

鈴木先生、ご専門のお立場からいかがでしょうか。

鈴木：そうですね。手島さんへの前橋の愛が分かりました。この時代は、前橋は座繰糸の産地として有名だっただけに、器械製糸の方式を「前橋式」とは呼ばれなかったのだと思いますが、現在から振り返っての技術の流れの説明としてはあり得ますね。これは抱合装置だけの話じゃないでしょう。抱合装置だとすると別に折衷する必要はなくて、ケンネル式を前橋式、共撚り式を富岡式と呼べばいいわけです。それだけではなく、例えば煮繭と繰糸とが分業か兼業かという問題もあって、前橋の場合には繭を煮た人が糸口を出して、向かい合って座った糸を繰る人に渡したのだと思いますが、富岡では糸を繰る人が自分で繭を煮ます。これは共撚りか、ケンネルかという抱合装置とは直接関係ないけれど、繰糸の方式としては重要な問題なので、これを含めてもう少し緻密に具体的な「前橋式」の定義や折衷のしかたを考える必要があるでしょう。

手島：昨年の２月２日、鈴木先生が東京農工大学科学博物館のクラウドファンディングキックオフシンポジウムで基調講演をされた中で、紹介された資料の中に、鹿児島県では市来四郎が製糸工場をつくったとき「前橋模倣」のものをつくったとありました。当時の資料を見ると、「前橋模倣」「富岡模倣」という用語も使われています。そこで、生糸の抱合装置については、イタリア式は「前橋型」、フランス式は「富岡型」、折衷式は「諏訪型」という呼称が歴史用語になるといいと思っています。そうすると、藩営前橋製糸所にも、もっと光が当たると思います。

鈴木：そうですよね。そこが案外分からないです。どこまでが○○○○式って言っているのか。今までだとどっちかというと確かに抱合装置の所をまねしているだろうというふうに考えていたのですけれど、先ほどの話し合っていたモルラーニ式ですか、モルラーニ式というものの、つまり、どこがそれの重要なところなのかっていうことが、よく分からないですね。モルラーニ式のどこのところが新しくて独自性があったのが、当時の人がどこをみて大事だと思ったのか、知りたいと思います。富岡製糸場を見ても、蒸気が大事だと思った人もいるし、糸を揚げ返すことが大事と思った人もいます。見る人によって違ってきていて、そこが難しいところです。さっきちょっと緻密化した方がと言っておきながら、申し訳ないのですけれども、前橋製糸所で見たものを100%真似するわけではなく、自分の所で都合が良いと思うところを受け入れた例が、多いと思います。それらを、ここは前橋式、ここは富岡式だからあるいは折衷だとかいう風に、体系化していけば良いのかなと思います。本当に個々の例ごとに違うと思います。史料上のイタリア式、フランス式っていうのも、どこのことを言っているのだと、問い返したくなることが、しばしばです。

3. ミュラーの人物像に迫る

手島：それでは、2つ目のテーマである技術指導したミュラーについて、話を進めたいと思います。このテーマもまず、速水さんからお話しをいただきます。

速水：次のテーマ、藩営前橋製糸所の指導者ミュラーについてお話させていただきます。

まず、写真が1枚あります［写真15］。この人物がカスパー・ミュラー（Caspar Müller）です。これは、彼が日本の製糸家に渡した写真で、今、現物は確認できませんが、『日本蚕業雑誌』（1897年104号）に掲載されています。

次は外務省に保管されている「外国人雇い入れ鑑」の書類です［写真16］。ミュラーが前橋藩に雇われた時のものです。「生糸製造方」「瑞西国人シ・ミュレル」とあり、年は36歳です。給料は「一ヶ月メキシコ銀三百枚」で4カ月契約、日付は1870（明治3）年6月です。これはミュラーについて記された、たいへん貴重な資料になります。

［写真15］カスパー・ミュラー（Caspar Müller）

彼の日本での経歴は、だいぶ明らかになってきておりますが、スイスやイタリアでのことはまだ分からないことが多くて、調査を進めている途中です。来日前に13年間イタリアで製糸教師として働いていたと言われておりますが、このことは後ほど説明をさせていただきます。

それでは、ミュラーが日本に来てからのことを簡単に説明します。何年に来日したかということは残念ながら、まだ確認できておりません。しかし1869

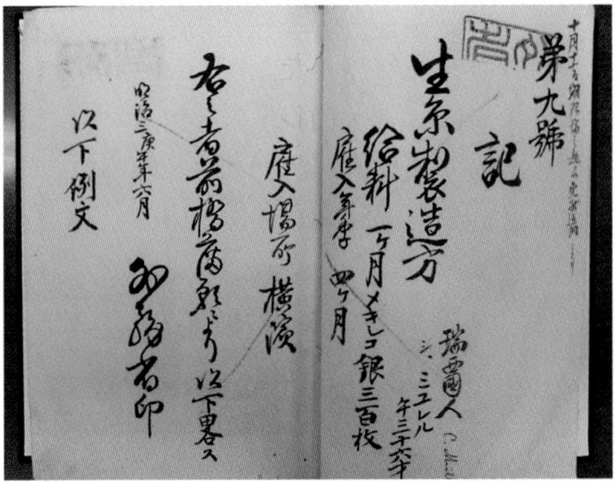
第九號
記
生糸製造方
給料 一ケ月メキシコ銀三百枚
雇入年季 四ケ月
瑞西人 ミユレル
雇入場所 横濱
右ハ前橋藩ヨリ以下略ス
明治三庚午年六月
外務省印
以下例文

［写真 16］外務省「外国人雇入鑑」

（明治 2）年と 1970 年に、横浜居留地 50 番のチャールス・トーレル商会（Charles Thorel&Co.）の社員であったことは、確認できました。1870 年 6 月に先ほどの書類で分かるように、前橋藩に４カ月の契約で雇われ、給料は 1 カ月メキシコ銀 300 枚でした。現在の前橋市内に 12 人繰りの「藩営前橋製糸所」を開業いたします。10 月に契約満了で横浜に戻ります。直後に小野組に雇われ、翌年の 8 月には東京の築地に 60 人繰りの「築地製糸所」を開業させています。それが終わると 1872 年 1 月に工部省勧工寮に雇われ、1 年後に東京の赤坂溜池に 48 人繰りの「勧工寮葵町製糸所」を開業いたします。工部省は 1874 年 2 月に契約満了になり、慰労金として銀若干も下賜されております。

その後は、1875（明治８）年、横浜居留地 90 番のシーベル・ブレンワルド商会（Siber & Brennwald,Co.）に社員として名前が残っています。この間の 1873（明治 6）年にウィーン万国博覧会が開催されたのですが、その時に賞牌を授与されています。1876 年には、東京の築地居留地に住まいがありました。そしてその年の 9 月に、日本からイタリアへ帰国したようです。途中、インドのカルカッタに 35 日間滞在しています。それは英国公使からの依頼で、インドの製糸業を調査して、インド政府に助言を行ったからです。それが終わった後、そのままイタリアへ帰国したと思われます。その後の足取りは掴めておりません。

以上が今のところ、ミュラーについて分かっていることです。彼は 7 年ほどしか日本にはいなかったのですが、その間に 3 つの器械製糸場をつくっております。前橋製糸所、築地製糸場、葵町製糸場。それぞれが藩営、民営、そして国営の製糸場になります。

1873 年開催のウィーン万国博覧会で賞牌を得たと、先ほど説明いたしましたが、この時はちょうど前の年に富岡製糸場が、翌年に葵町製糸場が開業していて、両方とも日本の工部省の管轄でした。この 2 つの製糸場と、それぞれのディレクターのポール・ブリュナとカスパー・ミュラーの2人に賞牌が与えられました。その理由は「此二製作場ハ日本製糸法ヲ改正スル為メ大緊要ニシテ何レモ同一ノ目的ヲ以テ並ビ立ツ者ナレバ」中略「其能ク欧州製糸方ヲ学ブの路ニ進ムヲ感スルノ意ヲ表センカ為進歩ノ賞牌ヲ與ヘ」中略「数氏ヲ共賛ノ賞牌ヲ與ヘタリ」(『澳国博覧会報告書』澳国博覧会事務局 1873) というものでした。世界遺産になった富岡製糸場と葵町製糸場、そしてそれぞれを指導したポール・ブリュナとカスパー・ミュラーは、この時期並び立つものとして、同等に評価され、かつ期待されていたということが分かります。

さて、ミュラーについては来日する前のこと、それから家族のことが昨年からだいぶ分かってまいりました。主にイタリアのピサ大学のクラウディオ・ザニエル教授の研究の成果であります。先ほども紹介させていただいた2006年発行の著書『SEMAI：Setaioli Italiani in Giappone(1861-1880)』に記述があります。その内容は次のようになります。

ミュラーの父親、ジョージオ・ミュラー (Giorgio Müller) はスイスのジュネーブ生まれで、カスパーには兄が一人いて、名前はジョヴァンニ・エンリコ・ミュラー (Giovanni Enrico Müller) です。彼は1850年ごろからイタリアのミラノに住み、生糸や蚕種の取引業者として「ジョヴァンニ・エンリコ・ミュラー社」という会社を営んでいました。生糸及び蚕種を買い付けるため、彼は自分の2人の弟カスパーとグスタヴ (Gustav) を横浜に派遣しました。

カスパーは日本に行く前に、13年間ベルガモの近くの小さな町トレヴィオーロにある製糸場で働いていました。これはベルガモノのツッピンガー・シーベル社 (Zuppinger & Siber, Co.) の製糸場です。このツッピンガーというのは、エドアルド・ツッピンガー (Edoardo Zuppinger) と言い、ベルガモの裕福な銀行家の名前で、やはりスイスからイタリアにやってきた人物です。シーベルは、皆さんご存知のように横浜にシーベル・ブレンワルド (Siber & Brennwald) 社をもっていて、スイス領事代理でもあったヘルマン・シーベル (Herman n Siber) のことで、もちろんスイス人です。ブレンワルドはカスパー・ブレンワルド (Caspar Brennwald) と言い、スイス領事で、シーベルとともに日本で貿易商社を設立しました。器械製糸場をつくるために前橋藩にカスパー・ミュラーを紹介したのがシーベルです。

このトレヴィオーロにある製糸場については、昨年、イタリア訪問の時に実際どのようなところなのか、もちろん製糸場はすでにないということは聞いておりましたが、どのような街なのか、そしてベルガモはどんなところなのかと非常に興味がありましたので、ちょっと行って見てまいりました。これがトレヴィオーロの役場です［写真17］。ここに行ってカスパー・ミュラーという人がいたか確認してもらったのですが、成果はありませんでした。小さな町です、本当に。これが街の真ん中にあった教会で、非常に象徴的な感じで［写真18］、この教会も訪ねたのですが、どういうわけか門が開かなくて調査できませんでした。のどかな小さな街という印象でございました。

［写真17］トレヴィオーロ役場

［写真18］トレヴィオーロ教会

次にベルガモに行きました。これはベルガモで購入した昔の街の様子の絵はがきです［写真19］。先ほど石井先生がおっしゃった上の街でしたっけ、高い街がこちらですね。こっちが下の町になるのかな。高低差があって高い町は旧市街というように言っておりますが、昔はこんな感じだったようです。（石井：後景に写っているのが高い街で、手前が低い街です）これはベルガモの中央図書館別館というところで

［写真19］ベルガモの昔の様子を伝える絵はがき

［写真 20］ベルガモ中央図書館 別館

［写真 21］ベルガモの風景

す［写真 20］。高い街のてっぺんにある図書館ですが、とても古い由緒ある建物で、歴史関係の資料や文献はここに集められているということです。ここで、トレヴィオーロの街の歴史の本を必死に探しました。こちらの写真は、今現在の旧市街、高い方の町からベルガモの下の方を撮った写真です［写真 21］。街の感じが多少はお分かりいただけるかと思います。

ベルガモ中央図書館別館で読んだ街の歴史の本によりますと、トレヴィオーロの町の中には製糸場があったという記述がございました。1920 年まで稼働していたそうです。大きな製糸場だったらしく、町の中心である教会の行事は、蚕の忙しい時期に合わせて予定を変更するくらい製糸業が盛んだった、街を挙げて栄えていたという記述がございました。

皆さまの中には、円中文助《まるなかぶんすけ》という明治から大正にかけて活躍した製糸家をご存じの方もいらっしゃると思います。彼は、「西が原」と言われる、今の東京農工大学の前身である東京高等蚕糸で教えた教師でもありました。その彼が 1874 年（明治 7）にイタリアで製糸業を学んだのが、ベルガモのツッピンガー・シーベル社であり、トレヴィオーロにある製糸場だったのです（『澳国博覧会参同記要』田中芳男、平山成信編 1897）。

ミュラーが 13 年間教師をしていた製糸場と同じです。たいへん奇遇というか、私としては驚いた事実だったのですけれども、ちょうど明治 7 年ですので、ミュラーは日本にいた時です。どういった経緯で円中はツッピンガー・シーベル社に行き、そこの経営するトレヴィオーロの製糸場で学んだのか。多分、いろいろなつながりがあったと思います。そこはまだはっきり分かりません。

帰国後、円中はすぐに、内務省の内藤新宿試験場の中の学校で製糸の教師となり、多くの生徒に授業を行っております。その時の講義をまとめた本がございます。こちらです［写真 22］『伊国伝法製糸全書』全 4 巻（平野師応編）です。これは、1883年（明治 16）に出版されました。速水堅曹も評閲ということで関わっております。円中の指導はイタリアで学んだ経歴からミュラーのやり方と近かったのではないかと考えられます。この本の内容を精査していけば、必然的にミュラーの伝えた製糸法の解明につながるのではないかと思っております。

［写真 22］『伊国伝法製糸全書』

まだ全部を検証したわけではないのですけれども、撚り掛け装置は５種類出ておりました。もちろん図も載っておりまして、速水堅曹は５つのうち２つはもう古い、１つは何も効なし、今は（ケンネル式と共撚り式と言われている）２つの図のものが使われているという評をきちんと書いています。もちろん、そこには第一図、第弐図などと番号しか振られていなくて、共撚り式とかケンネル式、ましてやイタリア式フランス式など何も書いてありません。そういう名称は明治 10 年代ではまだ使われていなかったのだと分かります。

ここまで、聞きなれない名前や地名がいろいろ出てきて、分かりにくかったかと思います。図にしてみました。［図 7］スイスの方でミュラー、シーベル、ブレンワルド、ツッピンガーという人たちが皆スイス人で、イタリアではミュラーの兄のジョヴァンニが会社をつくっていた。弟のグスタヴ・ミュラーはカスパーより先に横浜に行き、生糸検査人として働いていた。カスパー・ミュラーはベルガモに行って、トレヴィオーロの製糸場で働き、ツッピンガー・シーベル社の斡旋で横浜に行った。シーベルは、ベルガモに会社をつくり、横浜にもブレンワルドと共にシー

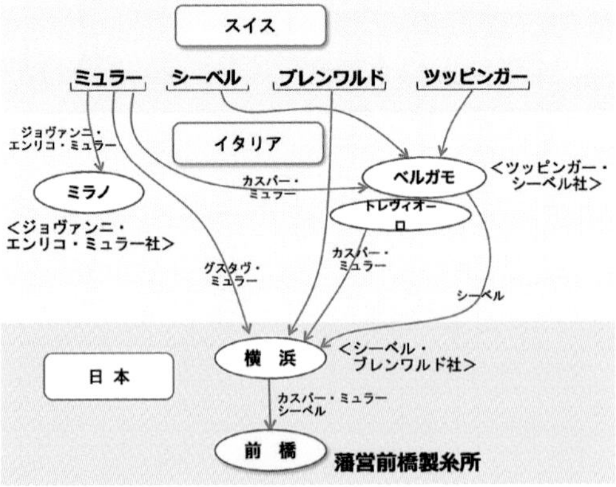

［図 7］スイス・イタリア・日本の生糸と人物の関係図

ベル・ブレンワルド社をつくった。カスパー・ミュラーはシーベルの推薦で前橋に行って前橋製糸所をつくったとなります。ここに本当は、円中文助もイタリアで学んで、東京で教師として人々にイタリアの製糸法を教えたと付け加えればよいかと思います。今日のテーマの、スイス、イタリア、藩営前橋製糸所というつながりを頭の中でまとめたものを図にしたのですが、このようになります。

今後まだまだ検証を続けていきますが、こうした事実を眺めてみると、イタリアの製糸技術は、ミュラーからだけではなく国の教育機関からも発信されていたということになります。イタリアの製糸法、それを伝えたスイス人たち、そういったつながりがさらに広がっていくことが感じられます。まとまりのない話になりましたが、今現在分かっていることをお話しさせていただきました。

手島：ありがとうございました。石井先生のご研究と重なる部分です。お願いします。

石井：拙著『明治期のイタリア留学』では、円中文助も学んだトリノのイタリア国際学院（Istituto internazionale italiano, 1868 年創立）について明らかにしました。基本的に 15 歳以下の在外イタリア人子息の教育を目的として創設されたこの全寮制の学校には、外国人も受け入れられ、1873 年から 83 年までの間に日本人が 8 人在籍しました。円中文助は速水さんがおっしゃったように、トリノでいろいろと勉強しますが、イタリア語の必要性を感じて 1873 年 9 月 11 日に 20 歳でイタリア国際学院に入学します。円中は、幕末の奥医師緒方洪庵の第十子惟直と共に、ウィーン万国博覧会に「売店売捌随行員　糸茶商」として参加し、博覧会副総裁佐野常民の判断で「技術伝習生」の資格でそのままイタリアに残りました。事実、国際学院入学時の記録には円中が「ウィーンからやってきた」と書かれています。

円中は、最終的な学年末の試験を受けずに国際学院を去ります。同時にベルガモのツッピンガー＆シーベル社で撚糸法と機械学の実地伝習を受け、シーベル社傘下の製糸場で殺蛹法、選繭法と操糸法、蚕糸検査所で生糸検査法を学び、1873 年に帰国します。

その後も蚕種貿易に関わる青年は国際学院に入学し、群馬でも直輸出を行う島村の蚕種業者の青年田島啓太郎が入学します。直輸出の初回と第 2

回はミラノとトリノでの売却後に帰国します。初回のトリノ滞在中に田島信は国際学院を訪れ、校長デ・グロッシと会い、これが３回目に送り出された一番若い田島啓太郎の国際学院在学につながります。啓太郎の在籍は３カ月のみで、蚕種紙販売業務のため、授業にはあまり出席していなかったようです。彼は修了証書を授与されたものの、成績は残っていません。

［写真 23］田島弥平肖像画

初回の訪伊の際に田島弥平がトリノの美術学校アルベルティーナで画学生に描かせた肖像画が残されています［写真 23］。もう１枚の［写真 24］は啓太郎の受けた「在籍証明書」として伝えられる証書ですが、タイトルは Menzione Onorevole、「名誉言及」です。つまり、賞には値しないが努力を評価するものです。

啓太郎が在学したイタリア国際学院に学んだ日本人は、井尻儀三郎、円中文助、佐々木三六、緒方惟直、大橋淡《あわじ》、川村恒蔵、平元弘、田島啓太郎の８人です。啓太郎の前の３人、つまり大橋、川村、平元は、境町の島村勧業会社と同様に、イタリアに蚕種販売に行った秋田の川尻組から派遣された青年たちです。川尻組は国際学院と緊密な関係を構築し、トリノに支社を置くと共に、日本で国際学院の代理人となりました。大橋は慶應義塾を卒業した精鋭で語学に優れた才能を発揮すると共に、川尻組経営者川村栄之助の息子、15 歳の恒蔵を後見しました。留学生の中で最年長の 37 歳で 1881 年度に国際学院に入学した平元は、主に川尻組支社の駐在員としてイタリアに送られました。しかし、前述のようにパストゥールの功績により微粒子病が収束すると、蚕種貿易そのものが下火となり、ついには 1885 年に川尻組の事務所を閉鎖せざるを得なくなります。その任務を独りで受け持ったの

ISTITUTO INTERNAZIONALE ITALIANO

ANNO ACCADEMICO 1881-82

Il Consiglio di Tutela e Vigilanza

Udito il parere del Direttore

Delibera

LA MENZIONE ONOREVOLE

［写真 24］トリノ国際学校修業証書

が平元でした。トリノ滞在中に秋田に残してきた妻の訃報に接した平元は、気持ちを奮い立たせて、事務所の清算事務を行います。その辛い時期に同じ建物内に働くトリノ女性と恋に落ちたようで、その女性からの熱烈な恋文が残されています。それを含む平元関連の１次史料は、私がご子孫から譲り受け、手島さんの仲介で群馬県立図書館に寄贈しました。

手島：ありがとうございます。続いて、鈴木先生、お話しいただければと思います。

鈴木：はい。ミュラーについてはカスパル、グスタフ両名が同時に日本に存在するところまでは確認されていましたが、日本語での表記の揺れもあって、謎が残っていました。今日それがはっきりしたというか、速水さんが紹介されたザニエル教授の研究は、その謎を解いたようで、感心しました。

また、円中の留学先がミュラーのいた工場だったというのは、たぶんミュラーが紹介状を書いたのだと思います。このように、海外に見学する場合は、ふらっと来てもダメだから、そういう誰かに縁故があるところを目指すのは自然ですが、具体的には知られていないことで、非常に興味深いと思います。

手島：ありがとうございました。齊藤先生。速水さん、石井先生、鈴木先生のお話を受けて、いかがでしょうか。

齊藤：私も、ミュラーが２人いたっていうとことは非常に面白いなと思いました。どんな仕事をしていたのか、両方生糸の関係の仕事をして、１つは横浜、あともう１つは技術伝習という形で貢献されていたというお話は、非常に興味深いと思っています。

勧工寮葵町製糸場はミュラーが指導者ですが、おそらくミュラーと日本の陣営によって新たな器械製糸の開発に向けて、水車と竈での最も効率的なやり方ができないか試行錯誤しながら、初めに前橋製糸所の形ができたと読み取れて実感することができました。

4. ミュラーが指導した製糸器械の3D化

手島：3つ目のテーマである「ミュラーが指導した製糸器械の3D化について」に移ります。最初に齊藤先生から①ミュラーが指導した葵町製糸場のこと、②発見された図面のこと、③そして3D化への取り組みについてお話をうかがいます。

齊藤：東京農工大学科学博物館で学芸員をしています、齊藤と申します。よろしくお願いいたします。

昨年、クラウドファンディングの中で「幻の製糸場を追え！明治赤坂の3D復元」の支援を募集させていただきました。各新聞に取り上げていただいたということもあって、前橋の今回お集まり頂いた方も実際支援をしていただいた方がたくさんいらっしゃったと思います。まずは、この場を借りて、心より御礼申し上げます。

今日は、このプロジェクトの流れについてご報告したいと思います。本日の内容は、まず、**1.** ミュラーが指導した勧工寮葵町製糸場のこと、**2.** 図面の発見について、**3.** 3D化の取り組みについて、話をしていきます。

1. ミュラーが指導した勧工寮葵町製糸場のこと

まず初めに、ミュラーが指導した製糸工場についてお話しします。これは、収蔵庫から見かった葵町製糸場の外観の絵図［写真25］になります。先ほどのお話にもあったように1873（明治6）年に設立され、建物の規模は長さが約50 m、奥行きが約9 mです。さらに12本の煙突がありまして、48釜の規模の工場です。場所は、港区、現在の虎ノ門にありました。今は非常に高層ビルが乱立しているところです。

これは1884（明治17）年の当時の古地図になります［写真26］。今は堀が埋め立てられてしまっていて、この辺りにちょうど文科省があって、ちょうどここに金毘羅宮が見えます。金毘羅宮は現在も残っていまして、ずっと道を歩いて行きますと、この辺りが虎の門病院になります。さらにちょ

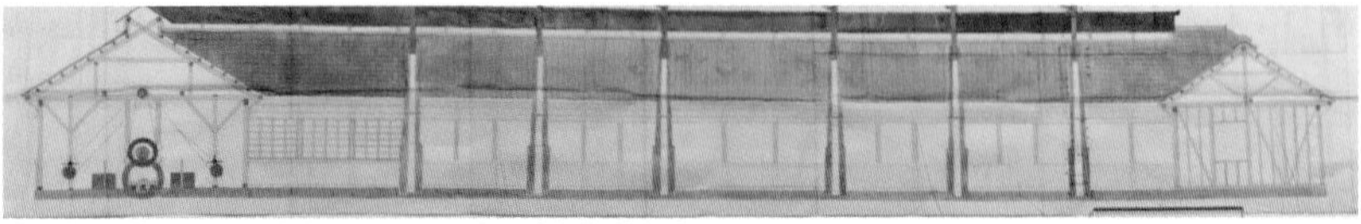

［写真25］葵町製糸場図面の一部（建物外観）

［写真 26］葵町製糸場の位置（明治 17 年参謀本部五千分の一図測量原図）

うど突き当たりから坂がありまして、今も名前が残っている「汐見《しおみ》坂」に。なだらかな坂になっておりまして、坂を上がりますとちょうどアメリカ大使館があります。葵町製糸場のあったところは、現在は虎の門病院の新館のビルの中に入ってしまいまして、池があって新たに水を引き込んだということで、ちょうど水車がここに回っていたのではないかなと思いますけれども、この古地図にその場所が記されています。

勧工寮葵町製糸場の歴史と役割ですが、明治 6 年、東京赤坂葵町（溜池）に工部省勧工寮工業を推奨する組織が設置されます。佐々木長淳が担当し、スイス技術師ミュラーが設計しました。そして日本各地に技術を伝承するという拠点となります。小田県をはじめ、7 県の請願により、女工の伝習、機械の模造、製糸糸方の改良の勧誘によって、技術伝習の拠点となったと考えられます。しかし、明治 6 年には勧工寮は廃止となります。1880（明治 13 年）には東京府北豊島郡石神井村に払い下げとなり移設されます。活動した期間が 7 年くらいと非常に短い寿命の製糸工場でした。

一方では、富岡製糸場との対比で葵町製糸場を高く評価する議論がありました。そこで、この 2 つの官営製糸場を比較してみます［表 2］。勧工寮葵町製糸場と富岡製糸場はそれぞれ明治 6 年、明治 5 年というほぼ半年の違いで稼働が始まっており、ほぼ同時期と考えて良いと思います。技術様式は国内の呼称でいえば、葵町製糸場はイタリア式の技術、富岡製糸場はフランス式の技術になっています。糸を回す動力は、勧工寮葵町製糸場は水力、富岡製糸場は蒸気を使っています。特徴は、富岡製糸場は大規模型であるということです。たくさんの人を雇って大量生産するという、本当に模範的な最新鋭の工場です。一方で勧工寮葵町製糸場は非常にコンパクトですが、機能が高く、技術拡散力を持っている方法というふうに考えていただければと思います。

	葵町製糸場	富岡製糸場
設立	明治６年1月	明治５年10月
技術形式	イタリア式	フランス式
動力	水力	蒸気
特徴	高機能分散型	大規模型
現状	時代とともに 消滅 残された図面は 全体の様子や機構の解明 が難しい	世界遺産として 保存 

［表 2］葵町製糸場と富岡製糸場の対比

フランス式の富岡製糸場の特徴はブリューナによる伝習、蒸気を用いている、繭を煮る人と繰る人が一緒、糸の撚りかけが共撚り式というスタイルです。

一方、イタリア式というのは、ミュラーによる伝習、木製の繰糸器、煮繭は竈、繭を煮る人と繰る人が別、糸の撚りかけがケンネル式というところが、大きく異なっています。イタリア式の１つの例の製糸場については今お手元にある資料が非常に詳しいので、述べるまでもないですけれども、藩営前橋製糸所が発端となっております。器械製糸の導入は、民間の動きが早く、小野組製糸場というものが東京築地にできあがります。そこからイタリア式の繰糸場が並行して操業していることがあって、非常に拡散力があるのが、イタリア式の特徴のように思います。

こちらの写真は、イタリア式と考えられる日本初の器械製糸場藩営前橋製糸所です［写真 27］。非常に小規模な姿を表しているかと思います。写真からは、イタリア式の構造を確認することはできません。築地小野組製糸場の錦絵を見ると製糸台がありまして、3 人 1 組で糸を繰る姿、動力は人力で、手で回して繭から糸を繰っているということですね［写真 28］。さらに煙突から煙が出ています。つまり、ここで焚いたものが煙となって煙突から出てきているということが浮世

［写真 27］ミュラーが最初に技術を伝えた藩営前橋製糸所

絵で表されています。イタリア式はこれまでのところ、この錦絵しかなかったわけです。勧工寮葵町製糸場の図面発見によって機構の解明が期待されますが、現状としてはバラバラの図面のままでは、勧工寮葵町製糸場の機構の全体像は分からない状況です。

［写真 28］小野組築地製糸場（東京築地舶来ぜんまい大仕かけきぬ糸を取る図）

一方、富岡製糸場は建物が残っていますので、そこを基盤として技術転換の象徴ということで世界遺産として継承することができます。

この 2 ルートの様式を基に、さらに、日本では大きな技術革新が起こります。1875（明治 8）年の諏訪式国産繰糸器の誕生です。イタリア式、フランス式それぞれの良いところを使って折衷式の国産繰糸器ができるわけですね。これが、爆発的に繰糸技術を促進させていって、全国に普及し日本の製糸産業のイノベーションにつながります。

2. 図面の発見について

ここからは図面の発見経緯についてご説明します。2019 年（令和元）8 月に東京農工大学収蔵庫で、故鈴木三郎名誉教授の旧所蔵資料の中から見つかりました［写真 29］。段ボールが積み重なって、その確認をしていく作業の中で、偶然見つかった資料です。東京大学鈴木淳先生と一緒に確認させていただきまして、勧工寮葵町製糸場資料であることが確認できました。2007 年の 10 月 4 日に大学からプレスリリースされました。

この資料は故鈴木三郎名誉教授が、私家版の本の中でご紹介されていましたが、この原資料が現存することが確認されました。また、岡谷蚕糸博物館との連携記念企画展「繭から糸を繰る～技術の変遷と未来～」において繰糸技術の変遷をご紹介させていただく中で図面を紹介させていただきました。

その中のシンポジウムにおいて鈴木淳先生より、図面の学術的価値についてお話いただきました。1.海老原章利が作成者らしい　5年9月～6年6月小田県派遣の海老原虎太郎ではないか。2.煉瓦の多用　1群（煙突1、竈4、繰糸器8、工女12人）で6千枚を超える。3.煉瓦造・石造構造物、傘型歯車が詳細に観察・記録されている。4.設計変更、あるいは群や台による相違の可能性、煙道を竈に1つか2つか、歯車の歯数。5.水車からの伝動ベルトの利用。6.富岡製糸場として紹介されていた写真が実は葵町製糸場であることなどが報告され、様々な新知見があることが判明しました。

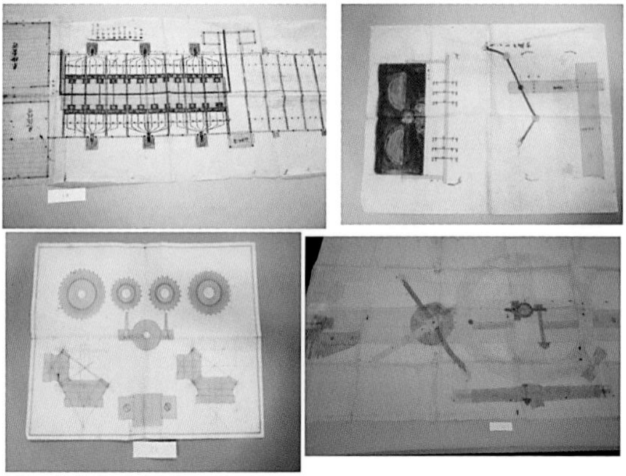

［写真 29］葵町製糸場図面群

3.そして3D化への取り組み

現在進行中の3D化プロジェクトは2019年4月から9月までかけて、まずは明治初期の伝播様式を理解するために、バラバラの図面を可視化していきました。学生を中心とし、有識者の方にプロジェクトメンバーに入っていただきながら調査を進めています。また、クラウドファンディングをしているときに、実は日本カメラ博物館の方から葵町製糸場と思われる写真の情報をいただき、非常に有力な情報源となりました。4月は有志の学生4人が集まりました。工学部の学生ですので図面を読んだり機械を学んだりする学生もいます。そのような学生と一緒に図面を読み取る活動を始めました。4月21日に鈴木淳先生も含めてキックオフとして、どんな構造で建物が立っているのかつなげ合わせながら、それぞれあった図面を建物、水車、繰糸器、煮繭台、煙道にジャンル分けをしていきました。

さらに繰糸台と繰糸器については、細かなパーツに機構が分かれていました。これが、どのような形に分かれるのか、分解してパーツリストをつくっていきました。かなり気の遠くなる作業だったですけれども、どの部品がどの機構を示しているのか解読していきました。さらに部品だけあった、かさの歯車の部分なども、どこにつながるのかという解釈をしていきました。こんな形で金属部分のパーツがあるのですけれども、この部分が綾ふり機構のものじゃないかなどと推定していき、3D化に関しては、CAD演習の学生が協力して大枠部、綾ふり部、クラッチ部などが読み取れたので、3Dにしていきました。

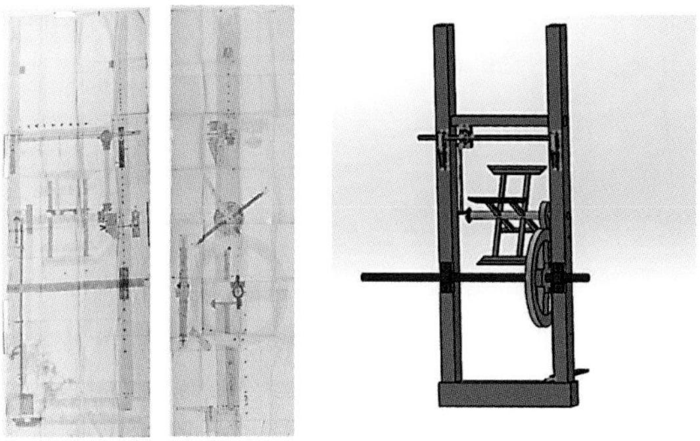

繰糸器図面　学生による3D復元図

［写真 30］繰糸台復元図

博物館に似たような機構をもつ繰糸器があるので動かしてみました。またクラッチ機構はこんな形の足踏みで上下運動します。これもCADで動かしてみると動きます。こんな形で釘をさした状態です。すごく簡易な形ですけれども動力をコントロールするクラッチ機構が付いているということが分かりました。

　こちらがこれらのパーツを組み合わせた全体像です［写真 30］。全てサイズが合致するということは、図面の整合性を表しています。また、すべての機構が組み合って動くということが今回分かりました。さらに、また、レンガの繰糸台については、層状に積み重ねていったんですね。非常に大変でした。積み上げると、3人1組の繰糸台が浮かび上がってきました。

　現在行っているのは、さらに最初に見ていただいた外観、建物ですね。ここの組み上げを行っているのと、煙道の読み取りですね。煙道というのは、煙突の下から煙が上ってくる部分です。さらに、これらが組み上がってくると、製糸場の機構の全体像が浮かび上がってくるということになっています。

手島：ありがとうございました。では、ご指導・ご助言をいただいている鈴木先生の方からお話を伺いたいと思います。

（追記）鈴木三郎先生の私家本に写真掲載されていた葵町製糸場の絵図は、2015年ごろから速水さんが探していて、故鈴木三郎先生の家にもないことを確認されました。そこで、製糸関係の資料を東京農工大学に寄贈されていることから、絵図もその中にあるのではないかということで、学芸員の齊藤先生に探してくれるよう依頼されていました。

鈴木：だいたい今の話で尽きるのですが、あの図面がなんでとられているかっていうことを少し話します。齊藤先生からちょっとご紹介していただきました海老原さんという人は、今の岡山県の笠岡市の辺りにあった小田県という県から工女さんと共に送り込まれました。それで、数カ月にわたって葵町製糸場に滞在し、工女さんたちは繰糸を伝習し、彼はひたすら工場で、機械類の図面をとっています。それを持って帰って笠岡に製糸工場をつくるのです。12釜くらいの工場なのですが、そのように、何を記録して持ち帰れば、それを国元でつくることができるのかということを意識しながら描いた図面です。だから、これがあれば復元できるはずです。しかし、近代の図面の描き方を知っているわけではなく、見よう見まねというか、現場で使われていた図面を参照したのかもしれませんが、自己流の、あるいは江戸時代の描き方としてはあるのかもしれませんが、かなり自由奔放な描き方です。それを読み解いて、構造が復元できるのかどうか検討することで、その図が本当にそういう役割を果たしていたのかどうかを考えることができます。

東京農工大学は蚕業講習所として出発し、日本の蚕糸業の技術を支えてきた学校です。しかし、戦後まであった製糸学科という学科はなくなってしまっていますので、今の農工大で製糸の研究をしている人はいません。そのような時期になって、今の学生さんたちにその学校の起源を体感してもらうにも、この復元事業の意義は大きいと思います。本当にあの図面から実際の器械の機構、メカニズムを起こすことができるものなのかどうかということを確認するという点では、今、学生たちに手伝ってもらってちゃんとできるということが分かってきたというのが現状かと思います。

手島：そうすると、建物とその連結のところは、来年か今年中くらいに研究をしたいということでしょうか。

齊藤：そうですね。6月くらいに情報を集約して、建物と機械の連結ができるかというところを、9月をゴールに進めています。

まとめ

手島：時間もまいりましたので、まとめに入りたいと思います。このシンポジウムでは藩営前橋製糸所がスイスとイタリアと関わりがあることを明らかにしてきました。明治 3 年に創業した藩営前橋製糸所は日本で最初の洋式器械製糸工場ですが、建物は明治 11 年撮影の写真に見る通り簡素な木造平屋造りです。財政が豊かでなかった前橋藩がつくったもので、窯数もわずか 12 です。国家プロジェクトでつくられたレンガ造りの豪壮な建物の官営富岡製糸場とは大違いです。

藩営前橋製糸所はその経営が前橋藩→群馬県→小野組→内務省→勝山宗三郎と目まぐるしく代わりました。勝山製糸所時代はそれでも、明治初期の四大製糸と並称され、模範工場の役割を果たしました。勝山家が事業に失敗してから、勝山益太郎が勝山織物として勝山家の事業を再興した時に、その工場の一部として使われたようですが、勝山織物も事業が失敗すると縮小し、大正時代には温井製糸として建物が使われていたことが確認できます。

明治 12 年には皇后が伊香保温泉行幸の帰りに立ち寄り、記念に植樹した「お手植えの松」は長く前橋の名物にもなっていたようですが、今ではその松もありません。

機械製糸場跡記念碑（住吉町）

藩営前橋製糸所は明治 3 年 6 月に前橋細ヶ沢、いまの住吉町で糸試験場として 3 カ月開業します。現在その場所には記念碑が建っています。

3 カ月後の 9 月に大渡、いまの岩神町に移転して本格的な操業を開始しました。現在、そこにも記念碑が立っています。

東京農工大学の 3 D プロジェクトが完成しますと、器械の復元ができます。藩営前橋製糸所の建物の写真は残っていますので、これで建物、器械の復元が可能になります。

今後は、藩営前橋製糸所の復元に向けて進むことができます。『上毛かるた』で前橋市は「県都前橋　糸の市《まち》」と読まれています。前橋市は長野県岡谷市、愛知県豊橋市とともに日本の三大製糸都市として繁栄しました。しかし、今では市内に製糸の産業遺産はほとんどありません。藩営前橋製糸所が復元できれば、前橋の象徴となり、観光資源、インバウンド資源、地域づくり資源として「歴史都市まえばし」をつくることができ、地域創生の核になると思います。

ご承知のように山口県萩市にある幕末の思想家・吉田松陰の私塾・松下村塾は建物が粗末です。しかし、そこから明治維新が始まったと「明治維新発祥の地」を自任し、萩の人々は誇りを持っていますし、多くの観光客が見学に訪れて、世界遺産にもなりました。

藩営前橋製糸所跡記念碑（岩神町）

日本の主産業であった製糸業の近代化は、前橋から始まりました。藩営前橋製糸所が可視化されることは、市民の皆さんが前橋に誇りをもつことになります。

本日はご登壇いただきました先生方、速水さんと石井先生にはイタリアへ調査に行っていただいた成果を、鈴木先生と齊藤先生には東京農工大学での研究成果をお話しいただきました。貴重なお話を誠にありがとうございました。長い時間にわたりご聴講いただきました皆さまに感謝申し上げ、終わりにいたします（拍手）。

（追記）明治２年にイタリア公使デ・ラトール一行が蚕業視察に前橋にやって来た翌年に藩営前橋製糸所が開業したことから、公使一行が前橋藩に器械製糸技術の導入を説いたとする考えが根強く残っています。2017年にイタリア公使報告書（岩倉翔子氏訳）を紹介しながら、そう想定する本も出版されました。これに対し石井寛治氏、速水美智子氏が前橋商工会議所編『製糸の都市前橋を築いた人々』（上毛新聞社、2018年）に収めた論文で否定しています。このシンポジウムの石井元章氏の発言からも、イタリア公使一行の目的が蚕種であり、藩営前橋製糸所の開業とは関連がないことが明らかとなりました。

あとがき

このシンポジウムは、藩営前橋製糸所創業150年記念のプレイベントとして開催しました。東京オリンピック・パラリンピック競技大会開催の2020（令和２）年は、藩営前橋製糸所創業150年の年でした。2015（平成27）年から始めた「生糸のまち前橋発信事業」の調査結果により、同製糸所はスイス・イタリア両国との関係が深いことが分かりました。そこで、東京オリンピック・パラリンピック競技大会開催時に、スイス・イタリアとの交流がさらに深まることを願って開催したものでした。

しかし、コロナ感染の世界的な拡大により、東京オリンピック・パラリンピックの開催は延期されてしまいました。けれども、藩営前橋製糸所の復元へ向けての取り組みは、コロナ禍の中でも続けられました。

東京農工大学が葵町製糸場のジオラマと3D映像の制作を進めることに前橋市も官民挙げて協力し、その成果を藩営前橋製糸所のジオラマ、３Ｄ映像の制作に還元してもらうことにしました。一般財団法人「ぐんま食と歴史文化財団」（代表理事・植木威行氏）に東京農工大学の事業に助成金を援助してもらい、さらに藩営前橋製糸所のジオラマと3D映像の制作をしていただきました。

一般財団法人「ぐんま食と歴史文化財団」は植木敏夫氏が創設されたもので、創設以来、前橋市の歴史文化事業に絶大なご支援をいただいています。植木敏夫氏がご逝去されましたことは痛恨の極みでした。この場をお借りして、哀悼と感謝の意を表します。

藩営前橋製糸所のジオラマと3D映像は、東京農工大学のプロジェクトを指導された建築家の湊健雄氏に制作していただきました。ジオラマと3D映像は、藩営前橋製糸所創業150年にあたる令和2年（2020）9月25日に「ぐんま食と歴史文化財団」（代表理事植木威行氏）

ジオラマ完成の記者会見（中央が植木威行氏）

から前橋市（山本龍市長）に寄託され、市民はじめ多くの方が可視化することができるようになりました。

前橋市（文化国際課）では、さっそく次の企画展で展示し公開の場としました。

○「はじめの一歩　歴史文化がかおるまちづくり－藩営前橋製糸所開所150年記念研究集会」（2020年9月27日。元気21前橋3階。主催：NPO法人街・建築・文化再生集団、共催：前橋市／公益社団法人横浜歴史資産調査会／一般社団法人群馬地域学研究所）

○「藩営前橋製糸所創業150年記念　まえばしシルクスタンプラリー2020」（2020年11月1日～30日。アーツ前橋1回。主催：前橋市）

アーツ前橋での展示風景

さらに、朝日新聞の連載「はじまりを歩く」（2020年12月5日）にも取り上げていただき、辻岡大助記者が取材をしてくれました。同紙面では「前橋藩が創業／幻の世界遺産」と題して報じていただきました。

なお、東京農工大学の葵町製糸場のプロジェクトについては『140年の眠りから目覚める…！明治時代の工場と器械を復元！　勧工寮葵町製糸場図面3D復元プロジェクト　2019-2020』（東京農工大学科学博物館。2021年3月15日）を、石井寛治先生の講演は『群馬県立世界遺産センター紀要第1号』（2021年4月13日）に収載の「伝統と革新─群馬・世界遺産の歴史─（世界遺産「富岡製糸場と絹産業遺産群」登録5周年記念講演）」を、それぞれご覧ください。

本書がこれらの書籍と時を同じくして出版できることは何よりの喜びです。紙数の都合でご芳名を挙げることができませんが、このシンポジウムにお世話になりました皆さまに感謝申し上げます。（手島　仁）

シルク・サミットin前橋
Vol.2
スイス・イタリアと藩営前橋製糸所

実施報告書

発行　前橋市文化スポーツ観光部文化国際課文化振興係
〒371-8603　前橋市大手町二丁目12-1
TEL027-898-6992　FAX027-224-1188

1　目的

本市が歴史文化に立脚したまちづくりを始めてから５年が経過し、令和２年（２０２０）は日本で最初の洋式器械製糸・藩営前橋製糸所創業１５０年に当たります。そこで、近代製糸業の発祥の地であり「生糸のまち前橋」の基礎を築いた藩営前橋製糸所とスイス・イタリアとの製糸技術の関係性や指導者ミューラーの実像を紐解きながら、「歴史都市まえばし」におけるシルク遺産の活用策を探ることを目的とした、シンポジウムを開催しました。

2　概要

日　時　：令和元年９月７日（土）
　　　　　午後１時３０分～午後３時３０分（開場：１２時３０分）

会　場　：K´BIX元気２１まえばし３階 中央公民館ホール（本町二丁目１２－１）

内　容　：12：30　開場

　　　　　13：30　開会
　　　　　　　　　あいさつ　前橋市長　山本　龍

　　　　　13：35　シンポジウム
　　　　　　　　　パネラー　・速水堅曹研究会代表 生糸のまち前橋発信事業委員
　　　　　　　　　　　　　　　速水　美智子
　　　　　　　　　　　　　　・東京大学大学院教授　鈴木　淳
　　　　　　　　　　　　　　・大阪芸術大学教授　石井　元章
　　　　　　　　　　　　　　・東京農工大学科学博物館 特任助教・学芸員
　　　　　　　　　　　　　　　齊藤　有里加
　　　　　　　　　コーディネーター
　　　　　　　　　　　　　　・前橋学センター長　手島　仁

　　　　　15：30　終了

主　催　：前橋市

後　援　：前橋市教育委員会、一般財団法人ぐんま食と歴史文化財団

来場者数：約２００名

3　新聞記事

日本最初の洋式機械製糸場

前橋製糸所 埋もれた歴史に光

来月7日 シルク・サミット

朝日新聞（令和元年8月20日掲載）

生糸普及に貢献 前橋製糸所

中小企業の原点発信

東京農工大と前橋市が連携 3D映像で装置復元

上毛新聞（令和元年8月21日掲載）

前橋製糸所150年控えサミット

伊、スイスとの関係

最新研究で新たな価値

上毛新聞（令和元年9月8日掲載）

4　チラシ・ポスター

チラシ表

チラシ裏

ポスター

5

「シルク・サミット in 前橋 Vol.2」来場者アンケート結果

（回答数：58）

【問１】ご来場者様情報

①年齢

項目	人数	割合
20 歳未満	0 名	0.0%
20 歳代	1 名	1.7%
30 歳代	2 名	3.4%
40 歳代	3 名	5.2%
50 歳代	6 名	10.3%
60 歳代	15 名	25.9%
70 歳代	23 名	39.7%
80 歳以上	5 名	8.6%
無回答	3 名	5.2%

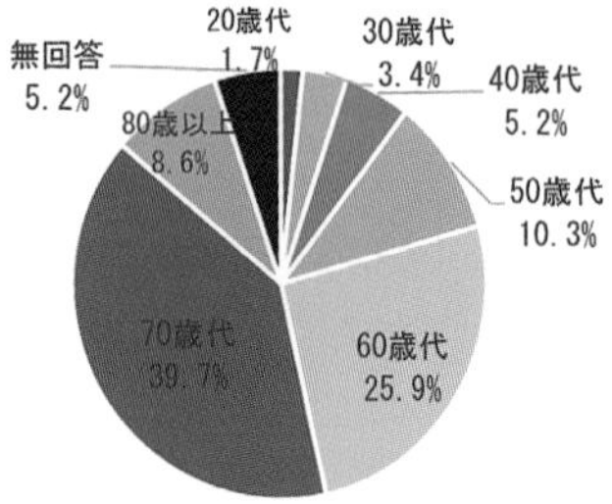

②性別

項目	人数	割合
男性	35 名	60.3%
女性	21 名	36.2%
無回答	2 名	3.4%

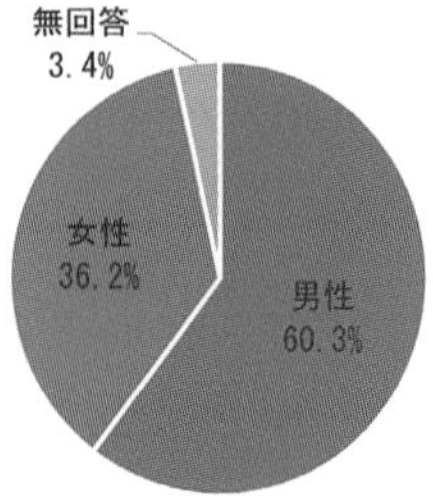

②お住まい

項目	人数	割合
市内	43 名	74.1%
市外	9 名	15.5%
県外	5 名	8.6%
無回答	1 名	1.7%
県外		
東京都（2 名）、埼玉県（2 名）、神奈川県（1 名）		

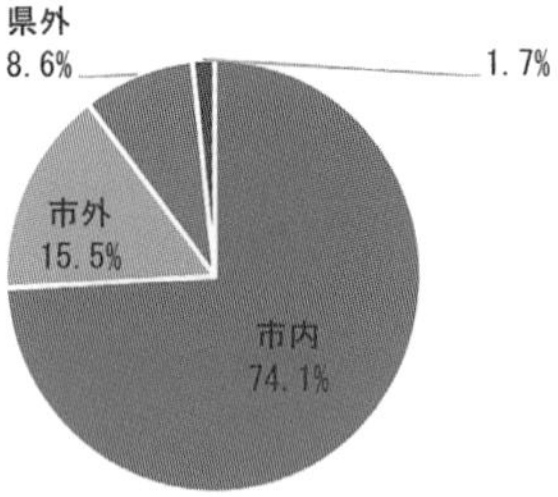

【問２】「シルク・サミット in 前橋」をどのようにしてお知りになりましたか（複数回答）

項目	人数	割合
チラシ・ポスター	20 名	34.5%
広報まえばし	7 名	12.1%
ホームページ・フェイスブック	5 名	8.6%
テレビ	3 名	5.2%
ラジオ	0 名	0.0%
新聞	7 名	12.1%
家族・知人等	7 名	12.1%
その他	8 名	13.8%
無回答	1 名	1.7%

【その他】

- 文化国際課からの案内
- 前橋学市民学芸員宛の通知
- 市長のフェイスブック
- 前橋学市民学芸員の紹介
- 職場の案内

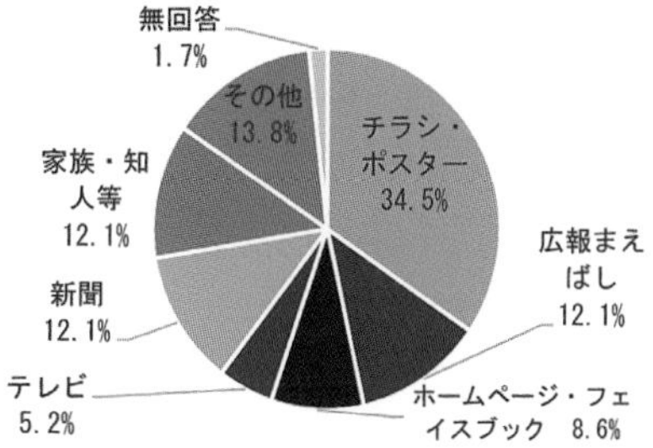

【問３】本日の催しをご覧になり、前橋市のシルクの歴史に興味を持たれましたか。

項目	人数	割合
とても持った	23	39.7%
持った	25	43.1%
どちらでもない	1	1.7%
あまり持てなかった	1	1.7%
持てなかった	1	1.7%
無回答	7	12.1%

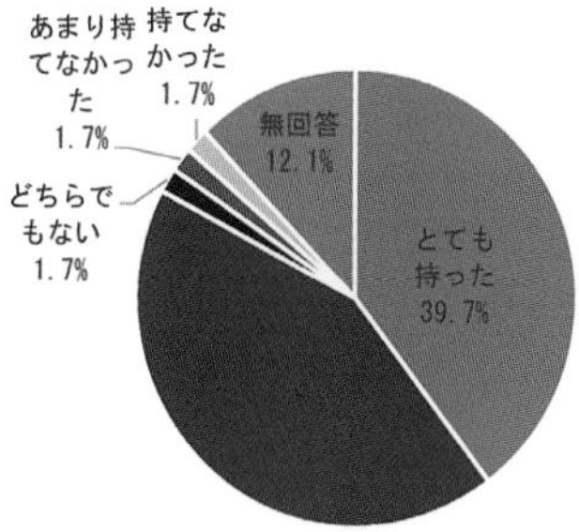

【問４】本日のディスカッションで特にご興味を持たれた内容がございましたらお教えください。

・製糸機械の変遷、ブリュナーとミューラーの関係
・スイス・イタリアと絹産業の関わり部分
・北部イタリアと日本の交流、イタリア式とフランス式の話など興味深い
・イタリア式・フランス式の実体が理解できた、初めて知った事柄が多く大変有意義だった
・ミューラーが兄弟で日本にやってきていたのは興味がわいた
・速水女史の研究者としての成果に拍手
・イタリアでも新しい技術が日本で初めて前橋に取り込まれたこと
・前橋製糸所が富岡製糸場に影響しているのではないかということに興味がある
・前橋製糸所と前橋藩の関係を詳しく知りたい
・速水さんの話、イタリア現地訪問した見聞記。石井さんの話、イタリア国家成立の歴史と背景について、コーディネーターの話にはインパクトが感じられなかった。ほとんど速水さんの独演会だ
・だんだん難しくなり、もう一度勉強しなくてはいけない、速水さんのおじいさんの努力とかだけではなく勉強していきたい
・ミューラーについて詳しく知ることができた
・研究している方がいるなと感じた、絹糸になるまでの色々あることを知った
・前橋藩営製糸所について先人たちの活躍のすばらしさ、ミューラーの偉大さについて
・東京の葵町製糸場の３Ｄ化について
・速水さんのイタリア訪問からの報告はとても新鮮だった
・各所で地味な研究をしているのが改めて分かった
・フランス式・イタリア式の区別のルーツは一つであることがわかった
・抱合装置の話が面白かった
・明治時代に製糸場が創られていたこと
・藩営前橋製糸所について
・イタリアの製糸機械、藩営前橋製糸所の写真
・齋藤先生の３Ｄ化の話が特に面白いと思います
・速水・石井両先生のイタリア北部ミューラーに出身地等現地調査により共撚式、ケンネル式の謎が解けた感があった

【問5】本日の催しに満足されましたか。

項目	人数	割合
とても満足	18	
満足	27	
どちらでもない	3	
やや不満足	1	
不満足	1	
無回答	8	

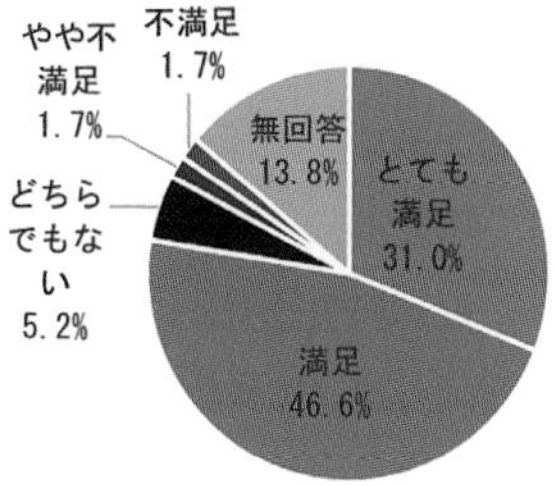

○ご意見・ご感想

・明治維新の全体的な流れの中で、もっと詳しく知りたくなりました
・イタリア式が前橋型、フランス式が富岡型となるように前橋でのシルク・サミットを継続してほしい。パネラーが多い、藩営前橋製糸所を復元してもらいたい
・もっと地元に関係した製糸について知りたかった
・前橋市では絹、養蚕製糸遺産の復元をどのように行ってゆくのか、先が全く見えない。他県では力を入れて絹遺産を盛り上げ、観光化に成功した例が多くある（山形県・新庄市、鶴岡市、長野県・岡谷市）スピードを上げてほしい
・日本とイタリアの世界史を学べる良い機会になった
・シンポジウムで講演する内容について、チラシに独立して書いてもらうとわかりやすい。事前にどんな内容を話すのかもう少し詳しく予告してくれると興味がわく
・養蚕、蚕糸業を復活させるために歴史を学ぶのか、偉い先生の面白くもない話を聞くだけで得るものがなかった。パネラー同士が話しているサミットってどんなものか、残念
・大変興味深い内容でした
・日本最初の器械製糸場です、復元の歩み実現に向けて頑張ってください
・一連の流れや講義内容が少し分かりにくかったので大まかなタイムテーブルや簡易説明用紙が最初にあると、ありがたかった
・ぜひ、前橋製糸場の復元をしてほしい
・今まで以上に関心を持ちたい
・この時代のこのテーマは全く知識がなく、これをきっかけに勉強していこうと出席を楽しみにしていました。レジュメの内容不足
・前回のシルク・サミット vol1 に参加。前回は配布。貼付資料などが多くて今でも参考になっている。今回は画像以外の資料不足の感あり
大変、中身の濃い内容でした。パワポによる解説でレジュメがあった方がよかった。メモをするのが大変。器械製糸の3D 化を基に是非「前橋製糸所」関連の博物館、展示館施設を設立して地域の歴史学習の拠点にしていただきたい。

創刊の辞

前橋に市制が敷かれたのは、明治 25 年（1892）4 月 1 日のことでした。群馬県で最初、関東地方では東京市、横浜市、水戸市に次いで 4 番目でした。

このように早く市制が敷かれたのも、前橋が群馬県の県庁所在地（県都）であった上に、明治以来の日本の基幹産業であった蚕糸業が発達し、我が国を代表する製糸都市であったからです。

しかし、昭和 20 年 8 月 5 日の空襲では市街地の 8 割を焼失し、壊滅的な被害を受けました。けれども、市民の努力によりいち早く復興を成し遂げ、昭和の合併と工場誘致で高度成長期には飛躍的な躍進を遂げました。そして、平成の合併では大胡町・宮城村・粕川村・富士見村が合併し、大前橋が誕生しました。

近現代史の変化の激しさは、ナショナリズム（民族主義）と戦争、インダストリアリズム（工業主義）、デモクラシー（民主主義）の進展と衝突、拮抗によるものと言われています。その波は前橋にも及び、市街地は戦禍と復興、郊外は工業団地、住宅団地などの造成や土地改良事業などで、昔からの景観や生活様式は一変したといえるでしょう。

21 世紀を生きる私たちは、前橋市の歴史をどれほど知っているでしょうか。誇れる先人、素晴らしい自然、埋もれた歴史のすべてを後世に語り継ぐため、前橋学ブックレットを創刊します。

ブックレットは研究者や専門家だけでなく、市民自らが調査・発掘した成果を発表する場とし、前橋市にふさわしい哲学を構築したいと思います。

前橋学ブックレットの編纂は、前橋の発展を図ろうとする文化運動です。地域づくりとブックレットの編纂が両輪となって、魅力ある前橋を創造していくことを願っています。

前橋市長　山本　龍

mBOOKLet

前橋学ブックレット㉗

| 藩営前橋製糸所とスイス・イタリア |

発 行 日／2021 年 8 月 30 日 初版第 1 刷

企　　画／前橋学ブックレット編集委員会
〒 371-8601　前橋市大手町 2-12-1　tel 027-898-6992
前橋市文化交国際課内

編　　者／前橋学センター

発　　行／上毛新聞社デジタルビジネス局出版部
〒 371-8666　前橋市古市町 1-50-21　tel 027-254-9966

ISBN 978-4-86352-291-6

ブックデザイン／寺澤　徹（寺澤事務所・工房）

前橋学ブックレット〈既刊案内〉

❶日本製糸業の先覚 速水堅曹を語る（2015 年）
石井寛治／速水美智子／内海　孝／手島　仁　ISBN 978-4-86352-128-5

❷羽鳥重郎・羽鳥又男読本 ―台湾で敬愛される富士見出身の偉人―（2015 年）
手島　仁／井上ティナ（台湾語訳）　ISBN 978-4-86352-129-2

❸剣聖 上泉伊勢守（2015 年）
宮川　勉　ISBN 978-4-86532-138-4

❹萩原朔太郎と室生犀星 出会い百年（2016 年）
石山幸弘／萩原朔美／室生洲々子　ISBN 978-4-86352-145-2

❺福祉の灯火を掲げた 宮内文作と上毛孤児院（2016 年）
細谷啓介　ISBN 978-4-86352-146-9

❻二宮赤城神社に伝わる式三番叟（2016 年）
井野誠一　ISBN 978-4-86352-154-4

❼楫取素彦と功徳碑（2016 年）
手島　仁　ISBN 978-4-86352-156-8

❽速水堅曹と前橋製糸所 ―その「卓犖不羈」の生き方―（2016 年）
速水美智子　ISBN 978-4-86352-159-9

❾玉糸製糸の祖　小渕しち（2016 年）
古屋祥子　ISBN 978-4-86352-160-5

❿下馬将軍 酒井雅楽頭の菩提寺　龍海院（2017 年）
井野修二　ISBN 978-4-86352-177-3

⓫ふるさと前橋の刀工 ―古刀期～近現代の上州刀工概観―（2017 年）
鈴木　叡　ISBN 978-4-86352-185-8

⓬シルクサミット in 前橋 ―前橋・熊本・山鹿・宇都宮・豊橋―（2017 年）
前橋学センター編　ISBN 978-4-86352-189-6

⓭老農・船津伝次平の養蚕法（2017 年）
田中　修　ISBN 978-4-86352-193-3

⓮詩のまち　前橋（2018 年）
久保木宗一　ISBN 978-4-86352-215-2

⓯南橘地区の筆子塚からみる庶民教育（2018 年）
南橘地区歴史文化活用遺産委員編　ISBN 978-4-86352-225-1

⓰上川淵地区の伝統行事と祭り（2018 年）
上川淵地区郷土民俗資料館編　ISBN 978-4-86352-229-9

⓱富士見かるた（2018 年）
富士見地区歴史文化遺産活用委員編　ISBN 978-4-86352-230-5

⓲下川淵カルタ（2019 年）
下川淵地区歴史文化遺産活用委員編　ISBN 978-4-86352-235-0

⓳前橋の旧町名（2019 年）
町田　悟　ISBN 978-4-86352-240-4

⓴前橋市と古利根川［上巻］ 先史利根川と古代利根川（2019 年）
小野久米夫　ISBN 978-4-86352-241-1

㉒前橋市と古利根川［下巻］ 中世根川と近世利根川（2019 年）
小野久米夫　ISBN 978-4-86352-243-5

㉑山王廃寺は放光寺（2020 年）
松田　猛　ISBN 978-4-86352-266-4

㉓酒井忠清 申渡状を繙く（2020 年）
野本文幸　ISBN 978-4-86352-271-8

㉔赤城南麓の覇者が眠る大室古墳群（2020 年）
前原　豊　ISBN 978-4-86352-272-5

㉕前橋台地Ⅰ その成り立ちと旧石器・縄文時代（2020 年）
梅沢重昭　ISBN 978-4-86352-276-3

㉖教育者・井上浦造（2021 年）
大﨑厚志　ISBN 978-4-86352-290-9

各号　定価：本体 600 円＋税